U0182979

启真智库丛书编委会

主　任　任少波

副主任　黄先海　叶　民　周谷平

委　员　（以姓氏笔画为序）

孙崇德　杨　波　吴　飞　吴息凤　何俏军　张　丹

张　炜　张朝阳　陈　浩　周江洪　郑成航　赵志荣

袁　清　夏文莉　徐贤春　徐宝敏　翁沈军　郭文刚

唐睿康　董雪兵　阚　阅　魏　江

本书系国家科技创新2030——新一代人工智能重大项目“新一代人工智能科教创新开放平台”（2021ZD0110700）子课题“面向科产教融合的AI人才培养模式及能力评测体系构建”的研究成果

DISCUSSIONS ON CULTIVATION

FROM QIZHEN THINK TANK

ARTIFICIAL INTELLIGENCE TALENT CULTIVATION

启真论教

之人工智能人才培养

李拓宇 陈婵 叶民◎编著

ZHEJIANG UNIVERSITY PRESS
浙江大学出版社
·杭州·

图书在版编目（CIP）数据

启真论教之人工智能人才培养 / 李拓宇，陈婵，叶民编著. —杭州：浙江大学出版社，2024.5
ISBN 978-7-308-24915-7

Ⅰ. ①启… Ⅱ. ①李… ②陈… ③叶… Ⅲ. ①人工智能—人才培养—教学研究—高等学校 Ⅳ. ①TP18

中国国家版本馆 CIP 数据核字（2024）第 087495 号

启真论教之人工智能人才培养

李拓宇　陈　婵　叶　民　编著

责任编辑　李海燕
责任校对　董雯兰
封面设计　雷建军
责任印制　范洪法
出版发行　浙江大学出版社
（杭州市天目山路 148 号　邮政编码 310007）
（网址：http://www.zjupress.com）
排　　版　杭州好友排版工作室
印　　刷　杭州高腾印务有限公司
开　　本　710mm×1000mm　1/16
印　　张　10.25
字　　数　138 千
版 印 次　2024 年 5 月第 1 版　2024 年 5 月第 1 次印刷
书　　号　ISBN 978-7-308-24915-7
定　　价　48.00 元

版权所有　侵权必究　印装差错　负责调换

浙江大学出版社市场运营中心联系方式：(0571) 88925591；http://zjdxcbs.tmall.com

序

人工智能的迅速发展正在深刻改变人类的生活、工作和周围的世界。其以大数据智能、群体智能、跨媒体智能、人机混合增强智能和自主智能系统作为关键理论和技术支撑，和智能城市、智能医疗、智能制造相结合，重构生产、分配、交换、消费等经济活动各环节。人工智能不断催生新技术、新产品、新产业、新业态、新模式，深刻改变了人类生产生活方式和思维模式，成为引领本轮科技革命与产业变革的战略性技术和驱动新力量，也成为国际竞争的新焦点。

人工智能不但改变教育发展的环境，而且也提出新的人才需求。我国高度重视人工智能人才培养，及时推动高校适应人工智能的快速发展。《新一代人工智能发展规划》《高等学校人工智能创新行动计划》《关于“双一流”建设高校促进学科融合 加快人工智能领域研究生培养的若干意见》等文件的相继出台，为我国人工智能人才培育、学科建设及梯队化设计等勾画了系统发展路径。同时，我们也应清醒地看到，相较于美欧发达国家，我国人工智能人才在量和质两方面仍然有较大差距。人工智能是一门工程、技术和科学相互交融的学科，是一个正在快速发展并广泛赋能于各个领域的知识体系，因此，表现出理论博大深厚、技术生机勃勃、产品落地牵引、应用广泛赋能社会的特点。我们既要让人工智能专业人才了解不同行业需要解决的问题，也要培养不同行业专业人才使用人工智能技术和方法的能力，因此，要做好 AI、AI＋X 和 X＋AI 人才培养。

《启真论教之人工智能人才培养》一书正是基于当前我国人工智能人才培养的痛点、堵点以及核心需求，通过对国内外、多主体人工智能人才培养典型案例的分析挖掘，梳理提炼人工智能人才培养模式与有效路径，充实人工智能人才培养资料库和案例库。此书对关注人工智能人才培养的教育前沿与科研人员、相关政策制定者、教学设计者以及社会公众都有很好的参考价值，能使其迅速了解人工智能人才培养的现状、问题、趋势等。我也衷心期望社会各界广泛参与，积极探索推进教育、科技、人才“三位一体”协同融合发展，以促进我国人工智能领域的科技创新和产业发展不断走向更高水平！

中国工程院院士

潘云鹤

目　录

第一章 绪 论

1.1 人工智能成为新一轮科技革命和产业变革的重要驱动力量

人工智能是让计算机像人那样思考、学习和认知，即用计算机来模拟人的智能。[①] 自 1956 年达特茅斯会议首次提出人工智能概念以来，人工智能的发展已历经多次起伏。近年来，在理论突破、信息环境支撑、经济社会需求拉动的共同作用下，人工智能加速发展，呈现出深度学习、跨界融合、人机协同、群智开放、自主操控等新特征[②]，正在引发链式突破，深刻影响甚至从根本上改变经济、社会和国家安全的发展格局，推动人类社会向智能化加速跃升。

作为引领新一轮科技革命和产业变革的战略性技术，人工智能具有极强的"头雁效应"。随着深度学习技术崛起，泛在感知数据和图形处理器等计算平台飞速发展，深度学习技术在智能驾驶、智慧金融、智能制造、智慧农业、智慧医疗、智能家居等领域逐步应用。2022 年，OpenAI 推出 ChatGPT，再次引爆人工智能的发展热潮。以 ChatGPT 为代表的生成式

---

① 潘云鹤. 人工智能 2.0 与教育的发展[J]. 中国远程教育，2018(5)5-8+44+79.

② 国务院. 国务院关于印发新一代人工智能发展规划的通知[EB/OL]. (2017-07-20)[2024-01-21]. https://www.gov.cn/zhengce/content/2017-07/20/content_5211996.htm.

人工智能的应用和推广正在催生更多应用场景和产业生态。当前，人工智能已经成为国际竞争的新焦点、经济发展的新引擎、社会发展的新机遇，是新一轮科技革命和产业变革的重要驱动力量。①

1.2 人工智能人才队伍是人工智能发展的基础支撑

人工智能人才队伍是人工智能发展的基础支撑，然而当前人工智能人才供给在数量和质量上都无法满足产业界需求，全球面临人工智能人才短缺问题。② 世界主要发达国家纷纷加强人才队伍建设的系统部署，致力于组建多元化人工智能人才队伍，如美国发布《人工智能教育战略》《维护美国人工智能领域领导力的行政命令》等重大战略，发起人工智能倡议、AI4K12 计划等，确立了多元化、全民化人工智能人才培养目标，积极开展人工智能全民教育，主张人工智能教育全学段覆盖，将培养范围从拔尖人才扩大到包括弱势群体在内的各学段学生和成年劳动力在内的全民人工智能提升，并提出要在全球范围内争夺稀缺的 AI 人才对所有人才通道进行投资以保持其在人工智能领域的领先地位③；英国发布《英国人工智能发展的计划、能力与志向》《人工智能行业新政》等政策，提出金字塔型人才培养目标，旨在培养适应未来行业发展的多层次人工智能技能人才，除培养一批高水平研究型人工智能研发人员外，还注重实用技能人才培养，重视全民 STEM 教育及数据技能培养；加拿大发布《泛加拿大人工智能战略(2017)》；德国推出《联邦政府人工智能战略(2018)》《德国人工智能发展战略(2020)》等，以抢抓 AI 领域竞争的主动权；日本提出建立由素养教育、应

① 习近平. 确保人工智能关键核心技术牢牢掌握在自己手里[N]. 人民日报(海外版)，2018-11-01.

② Gibney, E. AI talent grab sparks excitement and concern[J]. Nature, 2016, 532(7600), 422-423.

③ The National Security Commission on Artificial Intelligence. 2021 Final Report[EB/OL]. (2021-10-05)[2022-05-28]. https://www.nscai.gov/event/2021-final-report/.

用基础教育、专家型人才等构成的多层级 AI 人才培育体系。[①]

高校作为人工智能人才培养的主力军,应当充分利用各类资源来培养多元化人工智能人才以满足产业发展需要。作为一个新兴交叉领域,关于人工智能教育的研究仍处于起步探索阶段,目前可概括分为两类,一类是教育人工智能(AI for Education,AIED),将人工智能作为一项技术,研究人工智能技术对教育领域的影响及其应用[②③];另一类是人工智能教育(Education for AI),将人工智能视为一个学科,研究如何培养 AI 领域人才。现有研究主要集中在前者,即教育人工智能。在人工智能教育领域,尽管已有学者尝试从宏观层面对各国 AI 人才政策进行比较分析[④],提出 AI 人才培养的体系结构设计[⑤],也有学者从微观层面对 K-12 阶段 AI 人才培养主体[⑥]、课程设计等问题展开探讨,但总体来看,相关研究主要停留在人工智能人才培养实践经验的总结与分享层面,尚未形成成熟的理论框架以指导 AI 人才培养实践。

---

① Japanese Government. Integrated innovation strategy promotion conference: AI strategy. [EB/OL]. (2022-04-22)[2024-01-21]. https://www8. cao. go. jp/cstp/ai/aistrategy2022_honbun. pdf.

② Timms & Michael, J. Letting artificial intelligence in Education out of the box: Educational cobots and smart classrooms[J]. International Journal of Artificial Intelligence in Education, 2016, 26(2), 701-712.

③ Chad, E., Autumn, E., Spence, P. R., et al. Teacher: Using Artificial Intelligence (AI) and social robots in communication and instruction[J]. Communication Education, 2018,67(4), 473-480.

④ Schiff, D. Education for AI, not AI for Education: The role of education and ethics in national AI policy strategies[J]. International Journal of Artificial Intelligence in Education, 2021(3): 527-563.

⑤ 吴永和,刘博文,马晓玲.构筑"人工智能+教育"的生态系统[J].远程教育杂志,2017,35(5):27-39.

⑥ Dai, Y., Liu, A., Qin, J., et al. Collaborative construction of Artificial Intelligence curriculum in primary schools[J]. Journal of Engineering Education,2023,112(1):23-42.

1.3 我国人工智能人才“质”与“量”均存在短板

习近平总书记高度重视我国新一代人工智能发展，在多个重要场合强调，加快发展新一代人工智能是事关我国能否抓住新一轮科技革命和产业变革机遇的战略问题。[①] 2017年以来，中国陆续发布《新一代人工智能发展规划》《高等学校人工智能创新行动计划》《关于“双一流”建设高校促进学科融合加快人工智能领域研究生培养的若干意见》等，大力推进AI人才队伍建设，并把AI人才培养作为AI发展的重中之重。[②] 自2019年全国35所高校获首批人工智能新专业建设资格以来，截至2022年7月，全国已有440所高校设置了人工智能本科专业。[③] 与此同时，国内高校通过成立人工智能学院、增设人工智能学科方向、增加人工智能相关课程等多种方式，探索“AI＋X”人才培养新模式、寻求“X＋AI”的学科交叉新路径，呈现出“一片繁荣”的发展局面。然而，繁荣的背后，我国AI人才培养成效究竟如何？

当前，我国人工智能人才在“质”与“量”上仍存在短板。从数量上看，人工智能人才总量不足。2022年1月发布的《中国人工智能人才培养报告》指出，根据测算，我国人工智能人才缺口超过500万，供求比为1∶10，并且人才需求还在急剧增长。在跨学科复合型人才的标准之下，人才缺口将会长期存在，如不加强人才培养，至2025年人才缺口将突破1000万。

---

① 习近平. 加强领导做好规划明确任务夯实基础 推动我国新一代人工智能健康发展[EB/OL]. (2018-11-01)[2024-01-21]. http://politics people. com. cn/n1/2018/1101/cl024-30374824. html.

② 国务院. 国务院关于印发新一代人工智能发展规划的通知[EB/OL]. (2017-07-20)[2024-01-21]. http://www. gov. cn/zhengce/content/2017-07/20/content_5211996. htm.

③ 人工智能知识点全景图：迈向“智能＋”时代蓝皮书(2022)[R]. 北京：中国人工智能学学会，2022. 8.

同时，在总量不足的情况下，还存在人工智能人才结构失衡的问题。根据“2022年AI全球2000位最具影响力学者榜单”，在21个子领域排名前100的学者中，美国有1146人，中国仅有232人，为美国的1/5左右；另据《2020全球AI人才报告》测算，我国私营部门基础层AI人才储备量仅为1.2%，平均需求增长率高达145.6%，与美国（38.6%，6.3%）、英国（8.3%，2.6%）、德国（4.4%，−2.2%）等发达国家相差甚远。此外，我国人工智能人才密集分布在高校和科研机构，产业界人才缺口较大，人工智能的典型技术方向，如机器学习、自然语言处理、人工智能芯片等人才的供需比都很低；而在智能语音、计算机视觉方向，人才供应更是严重不足。从质上看，我国人工智能人才质量总体偏低，高校人工智能人才培养理论与实践脱节。我国目前尚缺乏面向产业应用的完备的人工智能人才培养机制。

1.4 人工智能人才需求对高校传统教学模式提出挑战

多维度、多层次、复合型人工智能人才是人工智能产业发展的青睐对象，这对高校传统的以学科知识、课程学习为主要途径的人才培养模式提出了重大挑战。人工智能具有明显的场景驱动、交叉融合的学科特征，国外典型院校大多基于自身学科基础选择性增设人工智能相关学科或培养方向，如美国卡内基梅隆大学于2018年设置了全美第一个人工智能本科专业；斯坦福大学在计算机科学专业基础上设置人工智能专业方向；麻省理工学院虽未开设专门的本科专业，但其电气工程与计算科学系几乎所有的专业都涉及了人工智能相关课程。另外，国外人工智能人才培养拥有多学科交叉融合的教育生态。如美国斯坦福大学依托工程学院，联合数学学院、物理学院打造专业基础课程群，还联合人文学院开设选修课程；卡内基梅隆大学围绕人工智能核心学科，形成了包含计算机科学、数学与统计学、伦理学、人文与艺术、科学与工程等学科在内的学科群；英国牛津大学基于复合式课程模式，打造了计算机科学与哲学、数学、法律相融合的三个复合学位课程群。

除此之外，高水平人工智能人才培养需要科、产、教等各界社会力量在培养标准制定、培养体系构建、开放平台建设等多方面协同合作。如美国Facebook与纽约大学合作建立数据科学中心，致力于联合培养人工智能高层次研究人才，纽约大学博士生可以申请在该中心长期实习；美国谷歌公司聘请高校人才在企业开展常态化基础研究工作，并于2019年上线AI教育平台，面向个人、非营利组织开放人工智能基础课程，学习者可根据自身情况（如职业、学习阶段等）获取相关的课程推荐；美国麻省理工学院积极培育人工智能人才培养生态，以新成立的计算学院为"共享结构"（shared structure）载体，与IBM共建"沃森人工智能实验室"，鼓励教师和学生创造新的人工智能发明和技术商业化公司，与美国空军签署"人工智能加速器"（AI Accelerator）协议，共同合作至少10个研究项目；斯坦福大学联合政府、企业（如谷歌）、科研院所（如微软研究院）、社会机构（如红杉资本）等，依托7个学院200多名教师的力量，建立了以人为本的人工智能研究所（Stanford Institute for Human-Centered Artificial Intelligence，HAI），旨在共同推进人工智能的研究、教育、政策和实践。对比国际经验，我国人工智能人才培养体系的构建仍任重道远。

综上，基于当前人工智能人才培养的痛点和核心需求，本书围绕"如何培养人工智能人才"这一核心议题展开论述，具体安排如下：第一章，我们对全球人工智能人才培养理论研究和实践发展现状进行全局性扫描，对当前人工智能人才培养现状有了全局性的把握；第二章，我们以国内外人工智能人才培养的代表性案例为分析对象，通过文献调研、实地访谈等方法广泛搜集案例资料，基于扎根理论，首先提炼归纳出人工智能人才培养的关键要素并初步识别人工智能人才培养的3条实践路径；第三、四、五章，我们结合已经识别出的关键要素，详细分析具体案例在培养目标定位、培养平台、课程资源、师资资源、工具资源、人才能力要求、外部环境变化、资源整合机制、保障反馈机制等方面的先进举措；第六章，我们最终自下而上构建出一个人工智能人才培养理论模型，并为后续科、产、教等主体培养AI人才提供理论和实践层面的启示与建议。

第二章　人工智能人才培养的要素识别与路径分析

在国家政策和产业需求等多重因素的共同推动下，当前我国人工智能领域较为完整的人才培养体系已经初步形成，也引起不少学者的关注与讨论。已有关于人工智能人才培养的研究可概括为两类，一类基于宏观视角，围绕人工智能人才的培养体系①、培养主体②、培养平台建设③、培养路径④等主题进行系统阐释和理论推演，为人工智能人才培养提供方向上的指引；另一类基于微观实践，从课程设计⑤、专业建设⑥、影响因素⑦、模式构建⑧等维度分析解构国内外典型案例，梳理阐释其人工智能人才培养经

① 吴永和，刘博文，马晓玲．构筑“人工智能＋教育”的生态系统[J]．远程教育杂志，2017，35(5)：27-39.

② 吴飞，吴超，朱强．科教融合和产教协同促进人工智能创新人才培养[J]．中国大学教学，2022(Z1)：15-19.

③ 方兵，胡仁东．我国高校人工智能学院建设：动因、价值及哲学审思[J]．中国远程教育，2020，41(4)：19-25.

④ 李君，陈万明，董莉．“新工科”建设背景下人工智能领域研究生培养路径研究[J]．学位与研究生教育，2021(2)：29-35.

⑤ 吴飞，杨洋，何钦铭．人工智能本科专业课程设置思考：厘清内涵、促进交叉、赋能应用[J]．中国大学教学，2019(2)：14-19.

⑥ 林健，郑丽娜．美国人工智能专业发展分析及对新兴工科专业建设的启示[J]．高等工程教育研究，2020(4)：20-33.

⑦ 王雪，何海燕，栗苹，张磊．“双一流”建设高校面向新兴交叉领域跨学科培养人才研究——基于定性比较分析法(QCA)的实证分析[J]．中国高教研究，2019，316(12)：21-28.

⑧ 胡德鑫，纪璇．美国研究型大学人工智能人才培养的革新路径与演进机理[J]．研究生教育研究，2022(4)：80-89.

验。两类研究对于我国人工智能人才培养的改革发展起到了积极的借鉴作用,但多数研究仍以个案分析与经验分享为主,缺少对于案例所处情境特征分析、案例的适用性探究以及案例间的共性与个性比较等,人工智能人才培养的关键要素有待总结提炼。基于现实瓶颈和研究不足,本章将以国内外11个人工智能人才培养典型案例为研究对象,采用扎根理论方法中的程序化编码规则,尝试提炼出当前AI人才培养的关键要素,为后续人工智能人才培养案例分析和理论模型构建提供框架指导。

2.1 人工智能人才培养要素识别

2.1.1 研究设计

(1)研究方法

本节聚焦于"AI人才培养的关键要素是什么?(What)"这一过程性问题,更适合案例研究方法。由于AI人才培养的相关研究还处于探索阶段,未形成成型的理论,因此选择探索性、理论建构式的扎根理论方法展开跨案例研究[①],希望透过研究者的"理论触角"在纷繁的项目案例素材中挖掘证据链,进而自下而上寻找AI人才培养的关键要素。[②] 具体而言,以AI人才培养案例素材为分析对象,对反映研究主题的内容进行提炼、归纳和贴标签(Conceptual Label),进而逐步从中提取原始概念、初始范畴、副范畴和主范畴,进一步分析主范畴关系,提炼核心范畴并形成故事线,由此识别AI人才培养的关键要素。

---

① Yin,R. K. Case Study Research and Applications:Design and Methods[M]. New York:Sage Publications,2017.

② 李拓宇.从独占性到合法性:集群企业知识资产治理机制研究[D].杭州:浙江大学,2018.

(2)案例选取

为使案例样本能够全面反映研究问题的本质,依据以下标准选取案例:第一,典型性原则,所选案例的AI人才培养项目具有扎实的建设基础和独到特色的AI人才培养理念,取得较好的AI人才培养成效;第二,聚焦性原则,选取的AI人才培养项目在所属高校类型、所在学科特色、人才培养层次等方面具有差异性;第三,案例资料的可获得性,本研究依托"国家科技创新2030——新一代人工智能重大项目"开展了大量的实地调研和资料搜集工作,确保了案例资料的全面性、完整性和丰富度;第四,饱和性原则,选择部分案例进行理论饱和度检验。遵循以上标准,选定卡内基梅隆大学、爱丁堡大学、南洋理工大学、清华大学、浙江大学、上海交通大学、西安交通大学、湖南大学、上海大学等9所国内外高校的11个AI人才培养项目作为研究对象,并选取其中8个案例用于扎根分析,另外3个案例用于饱和度检验。案例基本信息如表2.1所示。

表2.1 案例基本信息

项目名称	数据收集情况	案例用途
清华大学清华学堂人工智能班	2次访谈调研;1份培养方案;3份网络资料	扎根案例
浙江大学AI+X微辅修专业	2次访谈调研;1份培养方案;3份网络资料	扎根案例
浙江大学人工智能(图灵班)	3次访谈调研;1份培养方案;5份网络资料	扎根案例
西安交通大学微软亚洲研究院联合培养博士项目	4份网络资料;1篇文献资料	扎根案例
上海大学智能系统方向专业硕士项目	5份网络资料	扎根案例
湖南大学机器人工程本科专业	5份网络资料;1份培养方案;2篇文献资料	扎根案例

续表

项目名称	数据收集情况	案例用途
卡内基梅隆大学人工智能本科专业	7份网络资料;3篇文献资料	扎根案例
爱丁堡大学生物医学人工智能博士项目	1份网络资料;1份培养方案;3篇文献资料	扎根案例
南洋理工大学数据科学和人工智能本科专业	4份网络资料;1份培养方案;1篇文献资料	饱和度检验
清华大学人工智能创新创业能力提升项目	2份网络资料 ;1份培养方案	饱和度检验
上海交通大学吴文俊人工智能博士项目	7份网络资料;1份培养方案	饱和度检验

(3)数据收集

在数据收集方面,通过多种渠道、多种方式收集的一手和二手资料以保证案例数据能够形成“三角证据”,从源头上保证数据的客观性和可靠性。资料主要来源于:第一,访谈调研资料,对参与案例AI人才培养项目的负责人、教师和学生等多种主体进行线下或线上访谈,获取一手数据资料;第二,网络资料,包括选取案例官网公开发布的AI人才培养项目介绍、人才培养方案等,以及国内外主流网站对选取案例AI人才培养的新闻报道;第三,文献资料,在CNKI数据库中检索篇名、主题中包含选取案例,并与AI人才培养有关的文献。通过对资料的收集和整理,形成访谈调研、网络资料和文献资料的三角证据,保证数据的真实性、丰富性和完整性。

2.1.2　案例分析

扎根过程采用程序化扎根理论编码方法[①],依次分为三个阶段:开放

① Strauss, A,. Corbin, J. Basics of Qualitative Research: Grounded Theory, Procedures, and Techniques[M]. Newbury Park, CA: Sage Publications, 1990:53-55.

性编码、主轴性编码、选择性编码。

(1)开放性编码

开放性编码是指逐字逐句地对所收集的原始资料进行比较分析,从中提取出原始语句和相应的原始概念,进而对概念进行比较归纳并形成初始范畴。过程中,研究者需始终保持客观中立的立场,尽量规避或减少个人的偏见、意识或现有理论的影响。在开放性编码阶段,以句子为分析单元,深入挖掘所收集到的人工智能人才培养案例质性数据背后的内涵,最终提炼出126个原始概念。由于原始概念的层次较低、数量庞杂且存在一定交叉,对原始概念进一步"聚类"范畴化,最终归纳形成45个初始范畴。受篇幅所限,开放性编码的结果不在此全部呈现,选取部分开放性编码的原始概念与初始范畴如表2.2所示。

表2.2 开放性编码示例

原始语句	原始概念	初始范畴
授课团队由清华大学交叉信息研究院人工智能领域的专家组成	领域专家担任师资	AI专业师资队伍
开设部分与企业合作的课程,如与小马智行联合开设的自动驾驶的专项课程,由小马智行提供课程的硬件、软件及其内部的高级研发人员做课程讲解	校企合作共建课程	产教融合共建课程
最近这十几年在人工智能的技术上有了相当大的突破,所以我想我们现在这个时机是一个非常好的时机,我们应该在这个时候跟别人同时起步甚至比别人更先走一步,好好培养我们的人才,从事我们的研究	人工智能技术突破	AI知识技术迭代
充分发挥无人系统的多学科交叉特性,培养复合型智能人才	培养复合型智能人才	复合应用人才

续表

原始语句	原始概念	初始范畴
智海新一代人工智能科教平台正式发布，将以人才培育、科技创新为使命，深度聚焦人工智能技术创新、人工智能人才培养与生态建设	人工智能科教平台	智能开放教学平台
申请修读AI＋X课程的期间，无任何未解除的违法违纪处分，所修课程达到修读学分要求后学习者将被授予由浙江大学、复旦大学、上海交通大学、南京大学、中国科学技术大学共同签发的“AI＋X微专业”微辅修证书	颁发人工智能辅修认证证书	AI专业认证
基础课程群，涉及与计算机、数学、物理相关联的课程，大部分是竺可桢学院的荣誉课程，希望能够在第一年打下一个比较良好的基础	专业基础课程群打牢基础	专业基础课程
学生能够在参与科研及与教师合作的过程中培养和增进人工智能伦理意识	增进人工智能伦理意识	AI伦理道德修养
主要还是以项目的形式，公司提供具体的场景，学校主要提供具体的引导	开展主题实训	实训场景
教师在两周内对课程作业进行评估和反馈，评估报告将由同行、课程讲师和个别主管共同审核	多主体共同参与考核评价	多主体考核评价
……	……	……

(2)主轴性编码

主轴性编码是在开放性编码确认了资料中的概念、范畴的基础上，重新整合资料，寻找初始范畴之间潜在的因果关系、共同点或其他逻辑脉络，在此基础上归纳提炼出能够统摄其他范畴的主范畴。具体地，本书通过对案例资料不断比较、归纳、挖掘，将开放性编码所获得的45个初始范畴概括为31个副范畴，进一步归纳为9个主范畴，主轴性编码的具体结果如表2.3所示。

表 2.3 主轴性编码结果

副范畴	主范畴
政策引导、AI知识技术迭代、产业应用需求更新	外部环境变化
专业核心人才、复合应用人才、交叉创新人才	培养目标定位
专业基础课程、AI核心课程、AI+X交叉课程、实训操作课程	课程资源
AI创新竞赛、专业教材、实训场景、开放数据、算法和算力、跨学科研究项目	工具资源
AI专业师资队伍、跨学科师资队伍、企业导师师资队伍	师资资源
AI专业院系、跨学科研究中心、智能开放教学平台	培养平台
产教融合育人机制、科教融合育人机制、科产融合育人机制、科产教融合育人机制	资源整合机制
AI伦理道德修养、交叉创新思维、操作应用能力、AI专业知识	人才能力要求
AI专业认证保障、多元考核评价机制	保障反馈机制

(3)选择性编码

选择性编码是程序化扎根理论编码程序的第三阶段,其主要任务是在结构化处理范畴与范畴之间关系的基础上,系统地分析处理主范畴之间的内在逻辑,进一步提炼出核心范畴,并以“故事线”的方式来描述行为现象和脉络条件。首先对已提炼出的9个主范畴的内涵和性质进行分析。

主范畴“培养目标定位”是对科、产、教等培养主体在开展AI人才培养项目之前所制定的人才培养目标的归纳,主要回答“培养怎样的人”的问题。扎根结果显示,为满足AI技术突破和产业应用的多层次需要,当前AI人才培养定位于三个类别:“专业核心人才”致力于培养未来AI领域的学科引领者和科学家,以推动AI关键核心技术创新。典型案例有清华大学清华学堂人工智能班、浙江大学图灵班等。“复合应用人才”旨在培养掌握AI领域知识和能力的专业人才,实现AI在其他领域的创新应用。典型案例有爱丁堡大学生物医学人工智能博士项目、湖南大学机器人工程本科专业。“交叉创新人才”是指对AI领域知识、技术有一定认知和应用能力的非 AI 专业人才，推动 AI 与其他领域交叉融合并赋能其他领域。典型案例有浙江大学 AI＋X 微辅修专业、清华大学人工智能创新创业辅修专业等。

主范畴“培养平台”是对案例资料中科、产、教等培养主体开展 AI 人才培养所依托的各类平台载体的归纳。案例资料中涌现出多种类型的 AI 人才培养平台，经过三阶段编码分析可归纳为四类：一是“AI 专业院系”，高校培养 AI 人才主要依托于专业院系，部分案例高校的做法是在计算机学院下设立 AI 专业，以便增强 AI 学科建设基础，共享培养资源。如浙江大学图灵班借助本校计算机学院雄厚的教学科研力量，本科前两年由浙江大学竺可桢学院负责学生的管理，后两年由计算机学院负责。二是“跨学科研究中心”，这类平台聚集不同学科背景的教师、学生，以促进跨学科研究，培养具有跨学科能力的 AI 人才。如英国研究与创新基金会（UK Research and Innovation，UKRI）资助设立的爱丁堡大学生物医学 AI 博士培养中心（UKRI Centre for Doctoral Training in Biomedical Artificial Intelligence），该中心由爱丁堡大学信息学院、生物学院、MRC 遗传与分子医学研究所、Usher 人口健康科学与信息学研究所、科学技术与创新研究所联合建设[①]，以培养兼具 AI、生物医学和社会科学素养的复合人才。三是“智能开放教学平台”，这类平台为教师和学生提供线上的教学实践环境，集开放数据、算法和算力、专业教材、实训场景等各类教学资源于一体。以浙江大学 AI＋X 微辅修专业的官方实训练习平台，智海—MO 平台为例。该平台内置 AI 教程、代码环境、样例工程和丰富的数据集，提供从课程教学、作业下发到实训评测一站式 AI 学习路径。[②]

---

① The University of Edinburgh. UKRI Centre for Doctoral Training in Biomedical Artificial Intelligence[EB/OL]. (2023-11-28)[2024-01-21]. https://www.ed.ac.uk/studying/postgraduate/degrees/index.php?r=site/view&edition=2021&id=981.

② 智海新一代人工智能科教平台. 赋能教育[EB/OL]. [2024-01-21]. https://aiplusx.com.cn/education/platforms.

主范畴“课程资源”是对案例资料中科、产、教等培养主体为培养AI人才而设计的课程计划、课程结构、课程内容的归纳。通过对案例资料的比较分析发现，AI人才培养案例的课程结构整体呈模块化特征，按课程内容划分，可概括分为专业基础课程、AI核心课程、AI+X交叉课程、实训操作课程四个模块。其中，“专业基础课程”主要包括数学、计算机等基础理论知识，为学生进入AI领域专业学习做铺垫；“AI核心课程”涉及AI领域的核心知识，如深度学习、自然语言处理、机器学习等，培养学生扎实的AI理论基础；“AI+X交叉课程”是AI与其他学科交叉融合的跨学科课程，通常采用讲座、研讨会、跨学科研究项目等形式组织开展，使学生接触AI与其他学科交叉融合的前沿领域；“实训操作课程”则以AI技术应用为导向，包括算法设计、编程原理以及各种面向应用场景的实训课程。

主范畴“师资资源”是科、产、教等培养主体为培养AI人才所组建的师资队伍的归纳。结果显示，AI人才培养的师资队伍除了包括由AI领域专家组成的“AI专业师资队伍”，还包括融合跨院系、跨学科师资力量的“跨学科师资队伍”以及由拥有丰富实践经验的企业专家组成的“企业导师师资队伍”。如卡内基梅隆大学的人工智能本科专业师资队伍不仅包括机器学习倡导者Tom M. Mitchell在内的AI领域专家，本校计算机科学系、人机交互研究所、软件研究所、语言技术研究所、机器学习系和机器人研究所等多个系所的教职工也参与到AI本科教学工作中。[①] 除此之外，来自企业的科学家、工程师也会被邀请到卡内基梅隆大学的课堂，为学生提供更加开阔的视野和以问题解决为导向的思维引导和技能训练。

主范畴“工具资源”是对各类培养平台为开展AI人才培养项目所提供的教学工具资源的归纳。在对案例资料的编码分析过程中，涌现出丰富的AI人才培养工具资源，特别是在智能开放教学平台中。其中包括，规范和

---

① Carnegie Mellon University School of Computer Science. B. S. in Artificial Intelligence[EB/OL]. [2024-01-21]. https://www.cs.cmu.edu/bs-in-artificial-intelligence/.

指导教学活动的“专业教材”；引导学生关注 AI 与其他学科交叉融合的前沿领域，推动 AI 赋能其他学科的“跨学科研究项目”；通过以赛代学、以赛代练的形式培养学生实践应用能力的“AI 创新竞赛”；帮助教师进行课程教育实践，为学生实践提供真实参与感和互动感的“实训场景”；以及供学生实际操作训练使用的“开放数据、算法和算力”。

主范畴“外部环境变化”是对影响 AI 人才培养过程的外部环境因素的归纳。首先，AI 人才培养项目的成立和快速推进受到“政策引导”，是各国加强 AI 领域战略布局的重要举措。其次，AI 本身是一个交叉学科，第三次 AI 发展浪潮所取得的新的革命性突破，在带动 AI 自身发展的同时，也引发其他交叉方向的迅速成长，进一步加快 AI 知识和技术的迭代速度。“AI 知识技术迭代”既为 AI 人才培养提供新的发展契机，同时也提出新的人才需求。最后，AI 呈现明显的应用驱动的特征，应用场景同时驱动 AI 人才培养，AI 人才培养要及时响应“产业应用需求更新”，满足 AI 的产业发展需求。

主范畴“保障反馈机制”是对科、产、教等培养主体为保障 AI 人才培养质量，及时反馈外部人才培养需求变化所采取的行动的归纳。保障反馈机制是有效对接 AI 人才培养需求，保障人才培养质量的关键环节。一方面，建立“多元考核评价机制”，通过多主体制定考核评价标准、多方法考核 AI 人才培养成效，整合不同主体对于 AI 人才的要求和需求，保障 AI 人才培养质量。例如西安交通大学与微软亚洲研究院联合培养博士生项目的学生培养计划由双方联合制定，在满足西安交通大学毕业要求的同时，需兼顾双方科研及项目的需求。[1] 浙江大学图灵班分别面向导师和学生建立考核机制，实行学生和导师双动态进出机制，保障 AI 人才培养的质量与成效。另一方面，针对面向产业应用的复合应用人才以及非 AI 专业的交叉

① 西安交通大学人工智能学院.西安交通大学—微软亚洲研究院联合培养博士生宣传册[EB/OL].(2022-05-16)[2024-01-21].http://www.aiar.xjtu.edu.cn/info/1005/2362.htm.

创新人才，通过颁发“AI专业认证”，证明学生具备AI领域专业知识和技能，有效对接AI供给侧和需求侧。例如，浙江大学联合复旦大学、上海交通大学、南京大学、中国科学技术大学、同济大学共同开设的AI+X微辅修专业，面向六校非AI、非计算机科学与技术、非软件工程专业在校、在籍本科生或硕博研究生，所修课程达到修读学分要求后学习者即可获得六校共同签发的“AI+X微专业”微辅修证书。[①]

主范畴“资源整合机制”是对案例资料中科、产、教等培养主体响应外部环境变化，通过整合培养资源以满足AI人才需求所采取的行动的归纳。按照采取行动的主体类型，可归纳为四种行动策略：一是企业和高校主导参与的“产教融合育人机制”，具体行动包括校企合作建设课程、开办校企联合培养人才项目，典型案例如西安交通大学与微软亚洲研究院联合培养博士项目；二是高校和科研机构主导参与的“科教融合育人机制”，具体行动包括鼓励学生参与科研项目，基于跨学科项目育人、签订科教战略合作协议等，如上海大学AI研究院与上海AI实验室、七一六研究所等高水平科研机构合作，推进科研任务和人才培养的高水平合作与发展；三是科研机构和企业主导参与的“科产融合育人机制”，具体行动包括联合成立实验室、科产双导师制联合育人等；四是科产教多主体协作参与的“科产教融合育人机制”，具体行动包括科产教合作共建智能开放教学平台、共同组建专业委员会指导人才培养项目开展等。

主范畴“人才能力要求”是对案例资料中科、产、教等培养主体对所培养的AI人才能力要求描述的归纳，具体可归纳为四个维度：“AI专业知识”，即AI人才掌握扎实的AI领域核心专业知识；“操作应用能力”，即培养学生具备将AI理论知识和技术在不同场景中开发应用的能力；“交叉创新思维”，即培养具有交叉融合思维和开拓创新意识的AI人才；此外，人工

① 浙江大学本科生院. 2021年AI+X微专业(春季班)报名通知[EB/OL]. (2021-03-22)[2024-01-21]. http://bksy.zju.edu.cn/2021/0322/c28324a2269718/page.htm.

智能的发展对既有的伦理关系和伦理秩序提出诸多挑战，也有可能从根本上瓦解和颠覆原有的伦理秩序[①]，因此，科、产、教等培养主体为补齐当前人工智能人才伦理道德修养不足的短板，通过增设 AI 伦理道德课程等方式培养学生的"AI 伦理道德修养"，使学生具有历史人文关怀、能够坚守伦理道德底线。

至此，我们通过三阶段编码识别出当前人工智能人才培养的 9 个关键要素，分别是：培养目标定位、培养平台、课程资源、师资资源、工具资源、人才能力要求、外部环境变化、资源整合机制、保障反馈机制。更进一步的，通过 9 个关键要素之间的互动比较，可以发现从"培养目标定位"到"课程资源""工具资源""培养平台""师资资源"等培养资源的获取再到"人才能力要求"的习得构成了 AI 人才培养的内部作用过程，完成了从培养目标制定到人才供给的 AI 人才培养全过程，因此，我们进一步将其归纳入"内部作用机制"这一范畴。"外部环境变化""保障反馈机制""资源整合机制"是 AI 人才培养为满足外部环境变化而提出的新的"人才能力要求"所采取的一系列行动措施，可概括为"外部互动机制"这一范畴。AI 人才培养内部作用机制和外部互动机制的运行最终都是为实现"人才能力要求"，即实现 AI 人才的有效供给。基于此，本书提炼的核心范畴是"AI 人才培养模式的理论模型"，其主体故事线为：AI 人才培养受到内外双重作用的影响，人才培养内部作用机制根据人才培养目标定位获取各类培养资源，最终实现 AI 人才供给，人才培养外部互动机制响应外部环境变化，通过保障反馈机制有效对接 AI 人才培养需求变化，通过资源整合机制保持 AI 人才培养供需平衡。为了更直观地反映编码后各范畴之间的关系，绘制编码后的数据结构图如图 2.1 所示。

(4)理论饱和度检验

为进一步检验扎根研究的理论饱和度，本书继续对南洋理工大学数据

---

① 唐汉卫.人工智能时代教育将如何存在[J].教育研究，2018，39(11)：18-24.

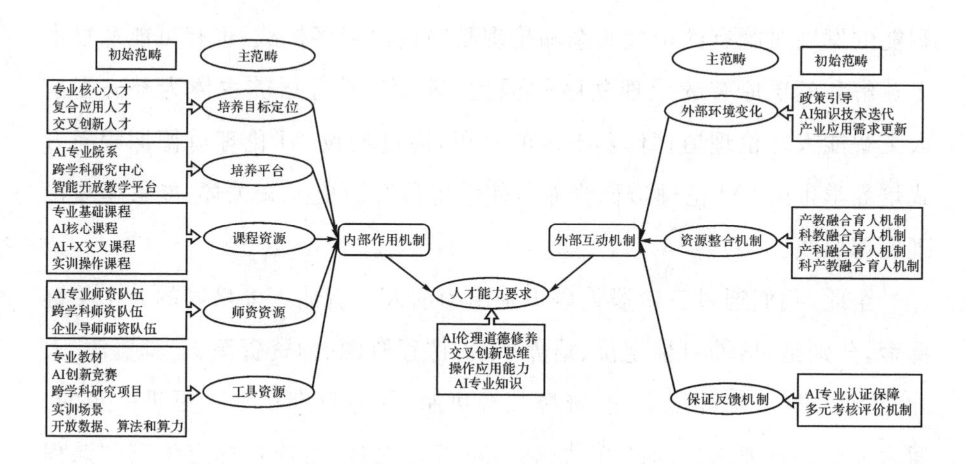

图 2.1　编码后的数据结构

科学和人工智能本科专业、清华大学人工智能创新创业辅修专业、上海交通大学吴文俊人工智能博士班3份AI人才培养案例资料进行三阶段编码分析，结果没有涌现出新的重要概念和范畴，概念范畴之间的关系也没有产生新的变化。因此认为，上述理论模型具有较强的理论说服力和现实解释力。

2.2　人工智能人才培养路径分析

在多案例分析的过程中，我们发现当前AI人才培养目标定位于专业核心人才、复合应用人才、交叉创新人才三个不同的类型，并由此形成三条不同的AI人才培养的实践路径。本节先对这三条路径的内涵与特征进行总结性的描述，后面将针对性地选取具体案例，并结合已经识别出的人工智能人才培养关键要素，对三条路径的实践应用展开详细描述。

2.2.1　路径1:AI专业研发型人才培养路径

该路径致力于培养AI领域的专业核心人才，以取得AI关键核心技术领域的突破创新，对学生的AI专业知识基础和交叉创新思维有较高要求（见图2.2）。高校和科研机构在这类人才培养中发挥主导作用。在培养平台选择方面，主要依托AI专业院系和跨学科研究中心；在师资资源获取方面，通过组建AI专业师资队伍，把握AI发展的前沿领域；在课程资源设计方面，专业基础课程、AI核心课程比重高，为学生打下扎实的理论基础；在工具资源方面，通过AI创新竞赛、前沿交叉讲座研讨会开拓国际视野，引导学生关注前沿领域，鼓励学生参与科研实践，基于跨学科研究项目育人，既培养学生科研研究能力，也促进在AI领域、交叉领域产出创新成果，推动AI自身发展。其中，典型的案例如清华大学清华学堂人工智能班（简称“智班”）。智班致力于培养领跑国际的拔尖创新人工智能领域人才，围绕这一培养目标，充分贯彻“广基础、重交叉”的人工智能人才培养理念。针对本科低年级，智班以教授数学、计算机与人工智能的核心课程为主，打牢学生扎实宽广的专业基础；针对本科高年级，智班通过交叉联合AI+X课程项目、国外研究机构访学研究等形式，使学生有机会接触人工智能与其他学科相结合的前沿领域，在交叉领域做出创新成果。

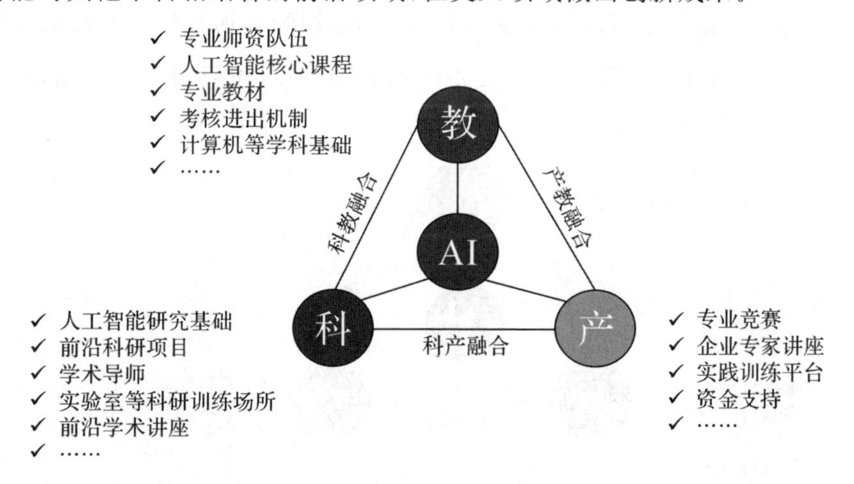

图2.2 AI专业研发型人才培养路径

2.2.2 路径2:AI+场景应用型人才培养路径

该路径致力于培养AI领域的宽口径复合应用人才,以推动AI在不同场景下的创新应用,对学生的操作应用能力有较高要求,并要求学生在AI技术应用的过程中应当坚守AI伦理道德修养(见图2.3)。产业和科研机构在这类人才培养中起主导作用。在培养平台建设方面,AI专业院系、跨学科研究中心和智能开放教学平台为培养这类型人才提供平台支撑;在课程资源设计方面,注重通过实训操作课程和AI+X交叉课程培养学生的实践应用能力和交叉创新思维;在师资队伍组建方面,组建跨学科师资队伍和企业导师师资队伍,使学生有机会接触AI在不同领域的产业应用实际;在工具资源方面,充分发挥产业资源优势,基于场景化教学案例、开放的数据、算法和算力为老师和学生搭建立体真实的实训场景。其中,典型的案例如南洋理工大学校企联合培养博士生项目。南洋理工大学吸引了阿里巴巴、惠普、沃尔沃、台达电子和新加坡电信等众多大公司,在人工智能、数据科学、机器人、智能交通、个性化医疗、医疗保健和清洁能源等领域开展合作。以阿里巴巴人才计划为例,阿里巴巴将开放丰富的AI

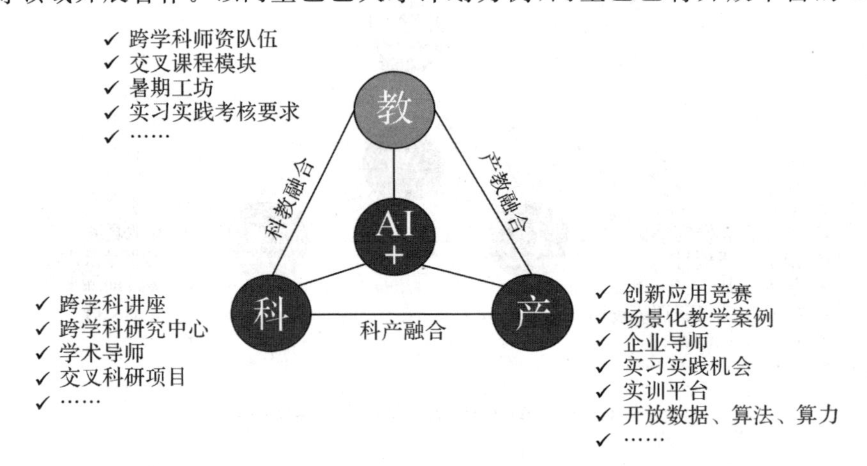

图2.3 AI+场景应用型人才培养路径

应用场景及数据，达摩院科学家也将作为博士生导师授课，实行“企业导师＋学校导师”双导师制，基于企业项目育人，学生需要花费不低于50%的时间参与企业项目。

2.2.3　路径3：＋AI技术赋能型人才培养路径

该路径主要面向非AI专业人士，培养学生掌握基础的AI专业知识和操作应用能力，从而将AI与其本领域知识交叉融合，推动AI赋能其他领域，产生交叉创新成果（见图2.4）。当前这类人才培养项目主要以辅修专业、专业认证项目等形式开展，产业和高校在这类人才培养中发挥主导作用。在培养平台选择方面，主要依托智能开放教学平台，整合来自不同主体的培养资源，为不同学科背景的学生提供共同学习的空间；在课程设计方面，以专业基础课程、AI核心课程和实训操作课程为主；在工具资源获取方面，借助AI专业教材规范AI教学内容，使用实训场景和开放数据、算法和算力锻炼学生的操作应用能力。其中，典型的案例如浙江大学联合华东六校开设的AI＋X微辅修专业。浙江大学联合华东六校以及华为、百度、商汤科技推出AI＋X微专业，面向六校非人工智能、非计算机科学与技术、非软件工程的在读生，采取“线上＋线下”融合教学，包括前置课

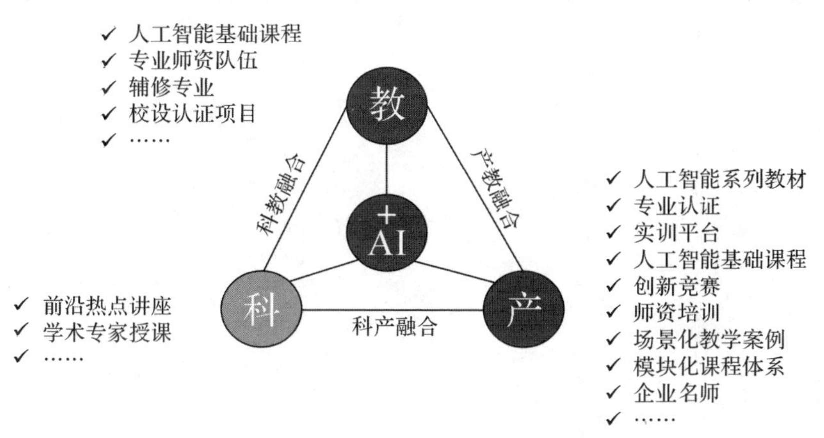

图2.4　＋AI技术赋能型人才培养路径

程、基础类课程、模块类课程、算法实践类课程、交叉选修类课程，以培养学生掌握人工智能核心理论与实践应用能力，使学生能够学习和了解人工智能基本知识体系，以便更好地适应新技术、新业态、新模式、新产业的发展趋势。

本章以国内外11个AI人才培养典型案例为研究对象，基于扎根理论方法，识别AI人才培养的9个关键要素，分别是培养目标定位、培养平台、课程资源、师资资源、工具资源、人才能力要求、外部环境变化、保障反馈机制以及资源整合机制。在此基础上，初步识别出3条适用不同AI人才培养目标的多层次AI人才培养的实践路径，分别是“AI专业研发型人才培养路径”、“AI＋场景应用型人才培养路径”以及“＋AI技术赋能型人才培养路径”，后面的章将结合具体的案例对3条人工智能人才培养路径展开详细介绍。

第三章 “AI”篇：专业研发型人才培养

本章聚焦AI专业核心人才的人才培养案例，这类型人才定位于未来AI领域的学科引领者和科学家，以期推动AI关键核心技术创新。根据典型性和聚焦性原则，最终选定卡内基梅隆大学人工智能本科专业、清华学堂人工智能班、浙江大学人工智能图灵班、上海交通大学吴文俊人工智能荣誉博士班和苏黎世联邦理工学院ELLIS博士和博士后项目五个人工智能人才培养项目为案例分析对象，通过访谈调研、官方网站、新闻报道、文献资料等多种渠道广泛收集数据，深入挖掘所选案例为培养AI专业核心人才在课程设置、师资队伍组建、培养平台搭建、实践体系建设等方面的特色做法（见表3.1）。

表3.1 “AI”篇案例基本信息

案例名称	所属区域	培养层次	培养目标
卡内基梅隆大学人工智能本科专业	美国	本科	全美首个授予人工智能本科专业，坚持以“学生为中心”，围绕人工智能的“专业”性，培养人工智能领域“专深”人才
清华学堂人工智能班	中国	本科	秉持“广基础、重交叉”的人才培养理念，致力于培养人工智能领域领跑国际的拔尖科研创新人才
浙江大学人工智能图灵班	中国	本科	依托竺可桢学院实施拔尖创新人才培养方案，以培养未来计算机领域的一流学科引领者和战略科学家为目标

续表

案例名称	所属区域	培养层次	培养目标
上海交通大学吴文俊人工智能荣誉博士班	中国	博士	瞄准人工智能科技前沿和重大战略需求，打造顶级博士生人才培养体系，培养具有宽阔视野、创新能力与社会责任感的人工智能领域领军人才
苏黎世联邦理工学院 ELLIS 博士和博士后项目	瑞士	博士/博士后	从实现基础科学突破、技术发展创新两个关注点出发设置学术轨道和行业轨道培养多元 AI 人才

3.1 卡内基梅隆大学人工智能人才培养案例

一、案例选择

（一）案例背景

卡内基梅隆大学（Carnegie Mellon University，简称 CMU）一直以其在计算机领域的强劲实力享誉世界。在百余年的发展历程中，CMU 构建了以计算机科学为引领、理科综合支持、工程与材料特色鲜明、生物医学全面发展、人文社科交叉融合的综合型多学科体系，为人工智能人才培养提供了强劲的学科支撑。[①] 自 Herbert Simon 和 Allen Newell 在 20 世纪 50 年代开创人工智能领域以来，卡内基梅隆大学一直是该领域的领导者。[②] 该校早在 1958 年就设立了计算机编程校级课程，并于 1979 年成立了专门从事机器人技术研究和实践的机器人学院，成为全球第一个推出机器人博士生项目的大学。2016年，卡内基梅隆大学成立人工智能伦理学

---

① 本篇案例资料收集时间为 2022 年 1 月—2022 年 5 月，案例报告撰写时间为 2022 年 6 月。季波，李魏，吕薇，张艳丽. 人工智能本科人才培养的美国经验与启示——以卡内基梅隆大学为例[J]. 高等工程教育研究，2019(6)：194-200.

② Carnegie Mellon University Computer Science Department. Artificial Intelligence[EB/OL]. (2017-01-20)[2024-01-21]. https://csd.cmu.edu/research-areas/artificial-intelligence.

研究中心。发展至今，卡内基梅隆大学不仅在智能数字图书馆、数据表示和算法、市场清算技术和复杂任务嵌入式机器人应用方面做出了巨大的创新，还培养了一大批人工智能领域人才，如李开复、陆奇、吴恩达等人工智能领域知名华人校友。

2016年10月，美国白宫科技政策办公室发布了《为人工智能的未来做好准备》《国家人工智能研发战略规划》两份重要报告，分析人工智能研究的大部分主题和人工智能相关的各个领域的发展现状并提出针对性建议，同时也表明，迫切需要在各级各类教育中强化人工智能方面的人才培养，以应对人工智能的快速发展。[①] 在国家战略引领和市场需求推动下，基于深厚的计算机基础，卡内基梅隆大学于2018年秋成立了美国第一个人工智能本科专业，并在多年的AI人才培养实践探索中形成了特色的培养模式，积累了宝贵的经验。

(二)案例简介

2018年秋天，卡内基梅隆大学成立了美国第一个人工智能本科专业，旨在培养人工智能领域专深人才。学生经过四年的学习，将被授予人工智能理学学士(Bachelor of Science in Artificial Intelligence，简称BSAI)学位。该项目向学生提供将大量数据转化为可操作决策所需的深入知识，其课程侧重于如何使用复杂的输入(例如视觉、语言和庞大的数据库)来做出决策或增强人类能力[②]，期望学位获得者能拥有计算机科学知识和技能，以及构建未来人工智能所需的机器学习和自动推理方面的专业知识。

① 闫志明，唐夏夏，秦旋，等.教育人工智能(EAI)的内涵、关键技术与应用趋势——美国《为人工智能的未来做好准备》和《国家人工智能研发战略规划》报告解析[J].远程教育杂志，2017，35(1)：26-35.

② Carnegie Mellon University School of Computer Science. B. S. in Artificial Intelligence[EB/OL]. (2021-04-20)[2024-01-21]. https://www.cs.cmu.edu/bs-in-artificial-intelligence/.

二、案例特色

(一)校设人工智能计划,引领 AI 人才培养

2018 年 3 月,卡内基梅隆大学宣布启动 CMU AI 计划,其目的是将跨学科人工智能研究和教育工作结合起来,为地球制定人工智能战略、开创使人工智能安全的方法以及创建以人为本的自主操作系统。[①] CMU AI 计划拥有全世界规模最大的、最富经验的人工智能研究团队之一,该计划的制定为更好地达成卡内基梅隆大学培养优秀人工智能人才、创造更强大的人工智能的愿景创造了基础。该计划主要提供如表 3.2 所示的学位。

表 3.2 CMU AI 提供的学位

学历层次	专业名称	英文名称
本科	人工智能理学学士	Bachelor of Science in Artificial Intelligence
	计算生物理学学士	Bachelor of Science in Computational Biology
	计算机科学理学学士	Bachelor of Science in Computer Science
硕士	人机交互硕士	Master of Human-Computer Interaction
	语言技术硕士	Master of Language Technologies
	人工智能与创新理学硕士	Master of Science in Artificial Intelligence and Innovation
	计算机科学理学硕士	Master of Science in Computer Science
	机器学习理学硕士	Master of Science in Machine Learning
	机器人理学硕士	Master of Science in Robotics
博士	计算机科学博士	Ph. D. in Computer Science
	人机交互博士	Ph. D. in Human-Computer Interaction
	语言技术博士	Ph. D. in Language Technologies
	机器学习博士	Ph. D. in Machine Learning
	机器人学博士	Ph. D. in Robotics

资料来源:作者根据官网资料绘制。

① Carnegie Mellon University School of Computer Science. CMU AI[EB/OL]. (2021-04-20)[2024-01-21]. https://ai. cs. cmu. edu/.

卡内基梅隆大学课程主任里德·西蒙斯提出，人工智能专业不能仅仅停留在“提供与人工智能相关的课程”，而是要“塑造人工智能专业学位的意义”[①]。卡内基梅隆大学 BSAI 课程关注如何使用复杂的输入（例如视觉、语言和庞大的数据库）来做出决策或增强人类能力，重在培养人工智能领域的专深人才，并为此设置了模块化课程体系。具体来说，BSAI 学生将学习七个模块的课程，如图 3.1 所示。

图 3.1 卡内基梅隆大学人工智能理学学士课程安排

资料来源：Curriculum B. S. In Artificial Intelligence [EB/OL]. (2021-04-20)[2024-01-21]. https://www.cs.cmu.edu/bs-in-artificial-intelligence/curriculum.

- 人工智能核心课程：人工智能概念；人工智能导论：表征与问题解决；机器学习导论；自然语言处理导论/计算机视觉导论
- 计算机科学核心课程：新生入学课程；命令式计算原理；函数式编程原理；并行和顺序数据结构与算法；计算机系统导论；计算机科学中的伟大理论思想

① 季波，李魏，吕薇，等. 人工智能本科人才培养的美国经验与启示——以卡内基梅隆大学为例[J]. 高等工程教育研究，2019(6)：194-200.

- 数学与统计学核心课程：计算机科学数学基础/数学概念；积分和近似；矩阵和线性变换；三维微积分；计算机科学概率论；现代回归

- 人工智能模块选修：以下四个领域分别选修一门课。决策与机器人集群(神经计算/自主代理/认知机器人学/机器人规划技术/移动机器人编程实验室/机器人运动学与动力学)；机器学习集群(深度强化学习与控制/深度学习系统：算法和实现/中级深度学习/结构化数据的机器学习/用于文本挖掘的机器学习/深度学习简介/高级数据分析方法)；感知与语言集群(搜索引擎/语音处理/计算感知/计算摄影/视觉传感器)；人机交互集群(人工智能产品设计/人与人工智能的交互/设计以人为本的软件/人与机器人的交互)

- 伦理学选修：新生研讨会：人工智能与人性/计算中的伦理和政策问题/人工智能、社会与人类

- 科学与工程通识选修：作为计算机科学学院通识教育要求的一部分，BSAI 学生需要参加四门科学与工程课程。

- 人文与艺术通识选修：BSAI 学生需要参加七门人文和艺术课程，其中必须有一门是认知科学或认知心理学。

BSAI 学生在四年的学习需修满 363～366 个学分，如表 3.3 所示。基于 AI 人才培养的目标，BSAI 项目以扎实的数理、计算机模块知识学习为基础，除了人工智能核心课程外，还设置了人工智能选修课程模块，更加突出了人工智能的“专业”特征。

(二)强大的师资队伍为 AI 人才培养提供保障

凭借多年来在计算机领域的领先地位，卡内基梅隆大学人工智能领域拥有强大的师资队伍。正如人工智能将机器学习、自然语言处理等学科联合起来一样，BSAI 课程的授课老师涵盖了学校计算机科学系、人机交互研

表 3.3 卡内基梅隆大学人工智能理学学士课程学年分配

大一		大二		大三		大四	
秋(43)	春(46)	秋(51-54)	春(51)	秋(48)	春(45)	秋(45)	春(36)
命令式计算原理(10)	计算机科学的伟大理论思想(12)	人工智能导论：表征和问题解决(12)	机器学习导论(12)	二选一：计算机视觉(12) 自然语言处理(12)	人工智能选修课(9)	计算机科学学院选修课(9)	计算机科学学院选修课(9)
积分和近似(10)	矩阵和线性变换(10)	并行和顺序数据结构与算法(12)	计算机系统导论(12)		人工智能选修课(9)	人工智能选修课(9)	人文艺术选修课(9)
计算机科学数学基础(10)	三维微积分(9)	二选一：计算机科学的概率论(9) 概率与计算(12)	人文艺术选修课(9)	人工智能选修课(9)	科学/工程选修课(9)	科学/工程选修课(9)	人文艺术选修课(9)
解释和论证(9)	函数式编程原理(10)		科学/工程选修课(9)	现代回归(9)	人文艺术选修课(9)	人文艺术选修课(9)	免费选修课(9)
新生入学(1)	人工智能概念(5)	科学/工程选修课(9)	自由选修课(9)	人文艺术选修课(9)	自由选修课(9)	自由选修课(9)	
计算机科学(3)		伦理选修课(9)		自由选修课(9)			

资料来源：根据卡内基梅隆大学官网资料自行绘制。

究所、软件研究所、语言技术研究所、机器学习系和机器人研究所的教职员工。[①] 其中不乏一些人工智能领域的顶级专家，如汤姆·米切尔(Tom Mitchell)，机器学习方向的领军人物、美国国家工程院院士，曾任卡内基梅隆大学计算机科学系系主任，经典教材 *Machine Learning* 的作者之一、国际机器学习大会(International Conference on Machine Learning，ICML)的创始人之一；贾斯汀·卡塞尔(Justine Cassell)，世界经济论坛(the

① Carnegie Mellon University School of Computer Science. B. S. in Artificial Intelligence[EB/OL]. (2021-04-20)[2024-01-21]. https://www.cs.cmu.edu/bs-in-artificial-intelligence/.

World Economic Forum,WEF)未来计算机全球未来理事会主席,卡内基梅隆大学人机交互研究所教授,被誉为"人工智能女王";拉吉·瑞迪(Raj Reddy),人工智能领域的早期开拓者之一,图灵奖获得者,现为卡内基梅隆大学计算机科学与机器人学教授、美国国家科学院院士、美国国家工程院院士、美国艺术与科学院院士和中国工程院外籍院士,等等。除了本校老师,卡内基梅隆大学 BSAI 学生还有机会接受一些校外专业人士的授课,包括来自企业的科学家和工程师。这样的安排不仅拓宽了学生的视野,也为他们提供了以问题解决为导向的思维和技能培养方式。卡内基梅隆大学的师资可在高校和企业间双向跨界、通畅自由地流转[①],为 AI 人才的培养提供了更多保障。

三、案例小结

美国的人工智能研究一直处于世界前列,而一直以计算机领域强劲实力享誉世界的卡内基梅隆大学也拥有着培养人工智能人才的强大背景。自 2018 年秋推出人工智能本科学位以来,卡内基梅隆大学坚持以学生为中心,围绕人工智能的专业性,培养人工智能领域专深人才。模块化课程设置既保障了 BSAI 学生对人工智能基础学科知识的掌握和跨学科知识的获取,又保障了 BSAI 学生在人工智能领域的专深度。在众多人工智能领域顶尖人物带领下,在国家、学校、企业的多方合作保障下,其人工智能人才培养形成了兼具优势和特色的培养模式(如图 3.2),实现 AI 人才的个性化、精细化培养。

① 季波,李魏,吕薇,等.人工智能本科人才培养的美国经验与启示——以卡内基梅隆大学为例[J].高等工程教育研究,2019(6):194-200.

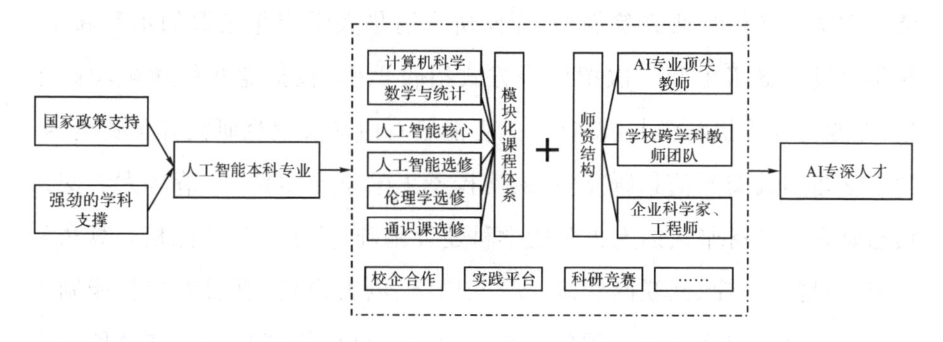

图 3.2　卡内基梅隆大学人工智能本科专业培养模式

3.2　清华学堂人工智能班人才培养案例

一、案例选择

（一）案例背景

面对人工智能发展的国家战略布局，为了推动中国在人工智能领域取得原创性的突破创新，2019 年清华大学在交叉信息研究院开设清华学堂人工智能班（以下简称“智班”）。在此之前，交叉信息研究院开设的清华学堂计算机科学实验班（以下简称“姚班”）培养出多名斯隆奖得主、全球领先人工智能公司创始人等国际拔尖的计算机科学创新人才，积累了丰富的成功办学经验。交叉信息研究院拥有一支国际一流师资团队，在人工智能领域取得了丰硕的成果，具备坚实的学科建设基础。此外，智班的成立得到清华大学的大力支持，是清华大学在人工智能整体学科布局上的重要举措，也是对清华乃至国家在人工智能领域优化科技创新体系和学科体系布局的积极响应。

（二）案例简介

智班由世界著名计算机科学家、图灵奖得主姚期智院士在 2019 年于清华大学交叉信息研究院创办，面向所有清华大学当年录取的本科新生，每年通过奥赛招生和二次招生等方式招收学生，包括竞赛保送生和高考生，专业为计算机科学与技术（人工智能班），由交叉信息研究院负责培养，学生学籍归属交叉信息研究院，最终授予工学学士学位。[①] 清华大学交叉信息研究院具备坚实的人工智能学科建设基础，基于人工智能核心算法和系统，在健康医疗、互联网经济、安全、网络、电力市场、机器人与智能制造等主要研究方向取得了丰硕的成果。智班充分依托清华大学交叉信息研究院在人工智能师资力量与学科建设上的积累。作为承接教育部"基础学科拔尖学生培养试验计划（珠峰计划）"的载体，智班是清华学堂人才培养计划的第八个实验班，致力于培养人工智能领域领跑国际的拔尖科研创新人才。姚期智院士担任智班首席教授，结合其在国际顶级学府的多年科研教学经历，以及姚班的成功办学经验与人才教育理念建设智班。智班在人工智能人才培养的平台建设、课程设计、实践体系等方面理念先进、成效显著，形成了极具特色的"广基础、重交叉"人工智能人才培养模式，是我国人工智能领域的人才培养高地。因此本节选取清华学堂人工智能班案例，总结归纳清华大学人工智能人才培养的先进经验。

二、案例特色

（一）院士全程引领，筑牢 AI 学科建设基础

姚期智院士全程引领智班建设，严格把握智班人工智能人才培养方向，充分保障其人才培养质量与成效。2019 年，计算机科学最高奖"图灵奖"得主、中国科学院院士、美国科学院外籍院士姚期智先生领导创办智班并担任智班首席教授。在 2004 年回国全职加入清华大学之前，姚期智院

---

① 本篇案例资料收集时间为 2022 年 1 月—2022 年 5 月，案例报告撰写时间为 2022 年 6 月。

清华大学交叉信息研究院. 2020 年智班招生公告[EB/OL]. (2020-07-23)[2024-01-21]. https://iiis.tsinghua.edu.cn/show-8840-1.html.

士曾先后在麻省理工学院数学系、斯坦福大学计算机系、加州大学伯克利分校计算机系、普林斯顿大学计算机系担任助理教授、教授[①]，智班的成立结合了姚期智院士多年在国际顶尖学府的科研教学经历，以及姚班的成功办学经验与人才教育理念。智班的培养方案与教学计划由姚期智院士亲自设计，姚期智院士也会亲自参与智班的教学过程，制定并参与“人工智能交叉项目”课程，亲自教授“人工智能应用数学”课程等。此外，姚期智院士对智班的教学内容严格把关，新开设的课程都会亲自试听以保障课程质量。

智班的成立充分利用了清华大学和交叉信息研究院在人工智能领域的学科建设基础。清华大学信息科学技术学院下的计算机科学与技术系、软件学院、自动化系、电子工程系，以及生命科学学院、医学院等院系都在科学技术及人工智能研发上有突出的成果，在人工智能领域具备强大实力，智班将和这些院系保持紧密合作。与此同时，智班更充分依托交叉信息研究院在人工智能师资力量与学科建设上的积累。清华大学交叉信息研究院成立于2011年，由姚期智院士创办并担任院长，是国内首个致力于交叉信息科学研究的教学科研单位，目标为建设世界一流的交叉信息研究机构，培养具有国际竞争力的拔尖创新人才。[②] 交叉信息研究院从国际视角深入探索一流学科建设的新理念，不断拓展和完善学科体系，科学研究领域全面涵盖智能+、量子信息和金融科技三大前沿热门方向，其中智能+方向积极推进人工智能的创新理论及交叉学科应用。过去十余年，交叉信息研究院组建了一支国际一流师资团队，基于人工智能核心算法和系统，在健康医疗、互联网经济、安全、网络、电力市场、机器人与智能制造等主要研究方向取得了丰硕的成果，为智班的成立奠定了坚实的学科基础。[③]

---

① 清华大学交叉信息研究院. 交叉信息研究院师资[EB/OL]. [2024-01-21]. https://iiis.tsinghua.edu.cn/zh/yao/.

② 清华大学交叉信息研究院. 交叉信息研究院学院概况[EB/OL]. [2024-01-21]. https://iiis.tsinghua.edu.cn/about/.

③ 清华大学交叉信息研究院. 智班概况[EB/OL]. [2024-01-21]. https://iiis.tsinghua.edu.cn/aiclass.

(二)课程设计“广基础”,打下宽广的专业基础

智班致力于培养熟悉人工智能前沿领域,具有良好科学素养和创新精神,成为能够从事人工智能领域研究的领跑国际拔尖创新人工智能领域人才。围绕这一培养目标,姚期智院士亲自设计智班的培养方案和教学计划。智班总学分要求为150学分,分为校级通识课程、专业相关课程、专业实践环节三大课程板块(见表3.4),并推出人工智能入门(姚期智院士参与授课)、人工智能应用数学(姚期智院士亲自授课)、人工智能:原理与技术、机器学习、深度学习、计算机视觉、数据挖掘、自然语言处理、人工智能交叉项目(AI+X)、人工智能研究实践等智班特色课程。

表3.4 清华大学智班课程结构及学分要求

<table>
<tr><th>课程板块</th><th>课程设置</th><th>学分要求</th><th>总学分</th></tr>
<tr><td>校级通识课程</td><td>/</td><td>46 学分</td><td rowspan="7">150 学分</td></tr>
<tr><td rowspan="3">专业相关课程</td><td>基础课程(必修)</td><td>29 学分</td></tr>
<tr><td>专业主修课程(必修)</td><td>34 学分</td></tr>
<tr><td>专业选修课程(限选)</td><td>/</td></tr>
<tr><td rowspan="2">专业实践环节</td><td>实践类课程(必修)</td><td>26 学分</td></tr>
<tr><td>综合论文训练(必修)</td><td>15 学分</td></tr>
</table>

资料来源:清华大学.计算机科学与技术专业(人工智能班)本科培养方案[EB/OL].[2024-01-21].https://www.tsinghua.edu.cn/jxjywj/bkzy2022/zxzy/29-3.pdf.

智班的课程设计充分贯彻“广基础、重交叉”的人工智能人才培养理念。在本科低年级,以教授数学、计算机与人工智能的核心课程为主,打牢学生扎实宽广的专业基础,具体课程设计见表3.5。

表 3.5 清华大学智班课程表

学习年份	专业相关课程	专业实践环节
第一学年	微积分 A(1) 线性代数 人工智能入门 微积分 A(2) 抽象代数 普通物理(1)英 人工智能应用数学 计算机系统概论 编程入门(C/C++)	信息物理 现实世界中的数据结构
第二学年	普通物理(2)英 算法设计 概率与统计 机器学习 人工智能：原理与技术 计算理论 计算机视觉(四选三) 深度学习(四选三)	机器人学导论
第三学年	数据挖掘(四选三) 自然语言处理(四选三)	人工智能交叉项目 专题训练实践
第四学年	/	人工智能研究实践 综合论文训练

资料来源：清华大学. 计算机科学与技术专业(人工智能班)本科培养方案[EB/OL]. [2024-01-21]. https://www.tsinghua.edu.cn/jxjywj/bkzy2022/zxzy/29-3.pdf.

(三)实践体系“重交叉”，培养 AI+前沿交叉能力

本科高年级，智班通过交叉联合 AI+X 课程项目、国外研究机构访学研究、产业实习等形式，使学生有机会接触人工智能与其他学科相结合的前沿领域，在交叉领域做出创新成果。在大三上学期，开设人工智能交叉项目；大三下学期与大三暑假，鼓励学生申请各国际顶级机构进行访问研

究并予以全额资助;大四全年,智班学生将在国际著名科研机构从事人工智能专题研究与实践。除此之外,智班同学均获得人工智能产业的联合实习机会,深入了解产业实践中的前沿基础科学问题,加强人工智能在不同产业中的推广与应用,在应用中对人工智能技术进行进一步推广与发展,为产业发展提供坚实技术基础,同时培养学生的工程实践能力。[①]

除此之外,为了真正贯彻“重交叉”的培养理念,智班创新性地开设 AI＋X 人工智能交叉课程项目。人工智能交叉项目是智班同学在大三上必修的一门实践类课程,这门课程的具体组织形式为,智班会邀请不限于清华大学校内的、国内外其他知名高校的非计算机领域专家与清华大学交叉信息研究院的一名 AI 方向的老师联合组成跨学科导师组,指导学生完成 AI＋X 交叉课题。课题的研究计划由专家提供,交叉信息研究院会从研究计划的问题定义是否清晰、研究问题的必要性和可实现性等多方面对研究计划进行严格审查考核。审查通过后,再将研究计划提供给学生,学生结合自身研究兴趣选择课题,并组成 1～2 人的小组,之后在导师组的指导下开展研究,最终将通过期末答辩的形式进行课程考核。这门课程不仅使学生有机会将人工智能与其他学科前沿相结合,在交叉领域做出创新成果,更希望在实现人工智能促进不同学科发展的同时,深化学生对人工智能的理解,助推人工智能前沿的发展。目前这一项目已取得了不错的培养成效,部分学生依托该课程发表论文、获得清华大学挑战杯一等奖等。

三、案例小结

依托清华大学和交叉信息研究院在人工智能领域的强大实力和学科基础,清华大学于 2019 年成立“清华学堂人工智能班”,培养人工智能本科人才,以推动中国在人工智能领域取得原创性的突破创新。多年来,智班

① 清华大学交叉信息研究院. 清华大学 2021 年“姚班”“智班”“量信班”报考指南[EB/OL]. (2021-07-09)[2024-01-21]. https://iiis.tsinghua.edu.cn/show-9323-1.html.

建构了理念先进、成效显著的人工智能人才培养体系，是我国人工智能领域人才培养的高地。

从人才培养的目标定位来看，清华大学智班致力于培养全面掌握人工智能基础理论与前沿应用知识，具有良好科学素养和创新精神的领跑国际的 AI 拔尖创新人才；学科建设方面，由姚期智院士全程引领，依托清华大学交叉信息研究院，拥有国际一流师资队伍和卓越的人工智能研究基础，具备人工智能学科建设优势基础；课程设计方面，智班围绕“广基础、重交叉”的人才培养理念，本科低年级通过数学、计算机与人工智能的核心课程，给学生打下扎实宽广的基础，本科高年级通过人工智能交叉项目、科研机构访问研究、产业实习实践等形式使学生有机会将人工智能与其他学科前沿相结合，在交叉领域做出创新成果；实践体系方面，创新性地开设人工智能交叉项目，在推动人工智能促进其他学科发展的同时，深化学生对人工智能的理解，推动人工智能前沿的发展，真正实现促交叉、重交叉。总体来看，清华大学智班人才培养案例形成了特色的“广基础、重交叉”AI 拔尖创新人才培养体系，在学科建设、课程设计、实践体系等方面为培养人工智能领域专业核心人才提供经验和启示，是培养 AI 拔尖创新人才的优秀范例。

3.3 浙江大学人工智能本科人才培养案例

一、案例选择

（一）案例背景

浙江大学是国内最早研究人工智能的高校之一，在 1978 年创建计算机系时就开始了人工智能领域的科学研究和人才培养，招收了第一批人工智能研究方向的硕士研究生，并在 1981 年创建了人工智能研究所。在 40

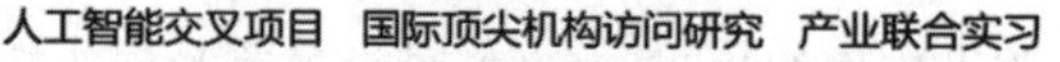

图 3.3 清华智班“广基础，重交叉”人才培养模式

多年的发展历程中，浙江大学在人工智能领域取得了一系列历史性突破与创新性成果，在人工智能基础研究、学科发展和人才培养等方面具有鲜明特色与显著优势。浙江大学响应《高等学校人工智能创新行动计划》，于2019年4月相继获批人工智能本科专业和人工智能交叉学科，形成了从本科生到研究生AI人才培养完整体系(见图3.4)。

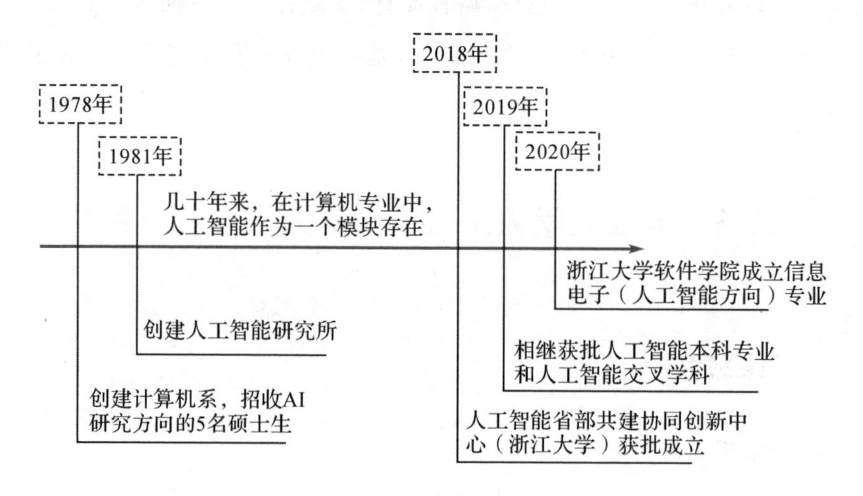

图 3.4 浙江大学人工智能专业的发展历程

(二)案例简介[①]

浙江大学人工智能本科人才培养依托于人工智能(图灵班),由竺可桢学院和计算机学院共同参与专业建设和人才培养,目的是实施 AI 拔尖人才的培养方案,培养具备厚基础、高素养、深钻研、宽视野的高素质本科生,鼓励学生毕业后进入全球一流高校继续深造,以成为计算机领域未来的一流学科引领者和战略科学家。图灵班首席教授包括“计算机界的诺贝尔奖”——图灵奖的获得者 Whitfield Diffie 教授、吴朝晖院士、陈纯院士、潘云鹤院士、沈向洋院士,导师组由国家级高层次人才等组成。

二、案例特色

(一)全科式知识体系,建设“一元多核”AI 专业课程群

浙江大学人工智能(图灵班)课程体系由通识课程、专业基础课程和专业课程、跨专业模块和国际化模块五个部分组成,共计 170.5 学分。

强化学科基础。通识课程学分为 78.5,占总学分的 46%,既包含了对专业领域探索至关重要的数理基础,也包含了对人格塑造不可或缺的思政课程、体育艺术课程等,同时还设置了跨学科选修等各类选修课程。丰富自由的课程组合提供了不同学科背景的思想,为人工智能专业人才的发展打下坚实的基础。通识课程的学分比重几乎达到一半,从中可以看出浙江大学人工智能(图灵班)的 AI 人才培养在相关学科知识背景上有着较大的优势。

夯实专业知识。专业课程分为专业基础课程群、核心课程群、智能感知课程群、设计智能课程群、人工智能系统课程群五类课程。专业课程学分为 86,占总学分的 51%,包含了计算机组成、编程、数据结构、设计、网络

---

① 本篇案例资料收集时间为 2022 年 1 月—2022 年 5 月,案例报告撰写时间为 2022 年 6 月。

浙江大学.浙江大学图灵班——计算机科学基础学科拔尖人才实验班[EB/OL].(2020-07-01)[2024-01-21].http://www.cs.zju.edu.cn/turingclass_cn/2020/0701/c51280a2161155/page.htm.

安全等领域的专业基础课程，人工智能领域基础理论和技术的核心课程，以及人工智能不同应用方向的智能感知课程群、设计智能课程群、人工智能系统课程群三个课程群。知识深度层层递进，通过四年的本科学习逐步实现培养目标。专业课程包含了构成本专业的最基本的知识组合，对应课程体系中的数学基础核心模块、计算机基础核心模块和AI核心课程模块。

推进实践教学。实践能力是工科学生必不可少的能力，浙江大学设置暑期实践教学环节，通过三个暑假的实践教学环节，使学生更进一步掌握人工智能知识和应用。实践教学环节属于专业课程，学分为7，占专业课程的14%。此环节包含了课程体系中的经验知识核心模块。具体课程组合情况如图3.5所示。

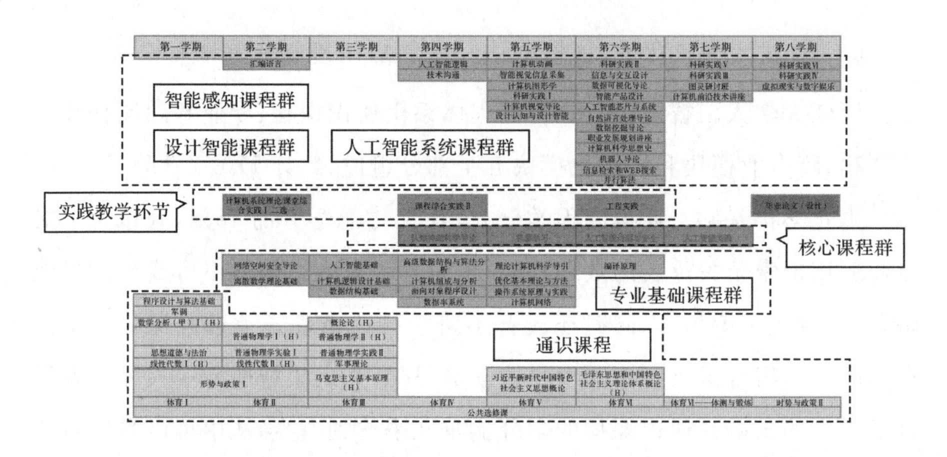

图3.5 浙江大学人工智能(图灵班)课程体系

(二)战略型师资引领，系统规划AI专业人才培养

(1)导师组成

参与人工智能人才培养的教师以计算机学院教师为主，其他学科老师也会参与其中。除去非人工智能背景的教师，仅计算机学院人工智能研究所就有30位专职教师，研究方向包括操作系统、机器学习、数据挖掘、自然语言处理、计算机视觉、模式识别、智能机器人、知识图谱等。

师资队伍包含以中国工程院院士潘云鹤为战略主导的人工智能领域顶级专家,为整个学科的发展规划和专业人才的培养引导方向;同时也包含以教授为中坚力量的老教师和以副教授为新兴力量的青年教师,在不同的研究领域默默耕耘。年轻教师均有国外留学经历,具有开阔的国际视野。

(2)导师制

为了发挥在本科学生培养中高水平教师的主导作用和学生的主体作用,更好地实现人才培养的目标和个性化培养的要求,人工智能(图灵班)实施导师制,以潘云鹤院士为代表的人工智能领域顶级专家亦加入导师团队,亲身指导同学们开展专业学习。

导师需具备以下条件:①高超的学术造诣。近2年来作为通信作者或第一作者在ZJU100期刊、《中国计算机学会推荐国际学术会议和期刊目录》的CCF A类会议或CCF A类期刊上发表学术论文(regular papers)不少于1篇,或近2年来担任过《中国计算机学会推荐国际学术会议和期刊目录》的CCF A类会议的IPC和CCF B类以上期刊编委。②丰富的指导经验。具有招收研究生资格,具有在研科研项目,有充足的时间投入,每2周至少1次面对面交流,曾经获得过相关成果者优先,如指导本科学生发表过学术论文、浙江大学百篇特优本科毕业论文等。

学生与专业导师双向选择,确定专业导师。每位导师每年度招收不超过2人,一经确认,原则上不得更改。导师按照培养方案制定学生的个性化培养计划,不仅仅需要指导学生的学业发展和科研训练,还需要引导学生树立正确的人生观和价值观。

(三)全方位科研训练,"以赛代练"构建AI科教融合实践体系

依托研究型大学的科研优势,浙江大学大力倡导和实施寓研于教、科教融合的协同育人机制。在AI人才培养的过程中,虽然不同的产业应用有不同的要求,但是将现实问题转化为算法问题的能力要求是共同的。人

工智能人才培养过程中实践能力尤为重要，浙江大学尤其注重培养学生创新能力和解决问题的能力，通过大学生创新创业训练计划项目培养和提升本科生科研能力和素养，项目包括国家级、浙江省、校院两级 SRTP；通过参加相关的竞赛激发学生的创新思维，推动学生对专业要求掌握的各项技能进行应用。相关赛事陈列见表 3.6。

表 3.6　浙江大学参与人工智能相关领域比赛情况

赛事名称	赛事影响	赛事目标	最近成绩
中国高校计算机大赛——团体程序设计天梯赛	国家层面	推进大学生程序设计能力的培养，同时培养学生的团队合作精神，提高其综合素质，丰富校园学术气氛，促进校际交流，提高全国高校程序设计教学水平	2021 年浙江大学获得优秀组织奖，AR 赛道一等奖，主赛道二等奖
“中信银行杯”中国研究生人工智能创新大赛	国家层面	更好地服务国家发展战略，搭建选拔和展示人工智能领域优秀创新实践作品的舞台，通过提升研究生的创造力、创新思维和创业精神，助力国家培养人工智能领域高层次创新人才	2021 年浙江大学获得优秀组织奖、2 项一等奖，3 项二等奖，3 项三等奖
中国高校计算机大赛——人工智能创意赛	国家层面	激发学生创新意识，提升人工智能创新实践应用能力，培养团队合作精神，促进校际交流，丰富校园学术气氛，推动“人工智能＋X”知识体系下的人才培养	2021 年浙江大学获得 1 项 C4—AI 大赛创新组特等奖
“图森未来杯”浙江省大学生程序设计竞赛	省级层面	推进大学生创新创业，培养大学生创新思维和利用计算机分析问题、解决问题的实际能力，提升大学生的综合素质，促进校际交流，提高全省高校计算机教学、科研和应用水平，丰富校园学术文化氛围	2021 年浙江大学获得优秀组织奖、2 项一等奖和 1 项二等奖

(四)全球化资源导入,追踪国际研究热点

浙江大学通过课程共建与修读、学术会议、交流实习等形式,提升国际交流的质量、拓宽国际交流覆盖面。通过核心课程国际共建,融合世界顶尖大学人工智能教育的先进理念和方法,合作开发教学大纲、课程资源。鼓励学生以不同方式参加各种国际学术交流,利用国外优质教育资源开展科研工作。目前,浙江大学已经和美国相关高校及微软亚洲研究院合作开设了部分讲座,具体信息如表 3.7 所示。

表 3.7 国际师资讲座情况

时间	主讲人	主题
2019-10-14	美国宾夕法尼亚州立大学信息科学与技术学院 张小龙教授	人机智能协同与人机交互和可视分析的交叉研究
2019-10-15	美国佐治亚理工大学计算科学学院 刘伶教授	Security, Privacy and Trust of Machine Learning Algorithms
2020-11-23	美国肯塔基大学计算机系终身教授 杨睿教授	人工智能、自动驾驶和三维感知
2020-12-25	微软亚洲研究院首席研究员 童欣博士	数据驱动的计算机图形学:现状与展望

三、案例小结

从知识结构上来看,浙江大学人工智能本科人才培养依托多个相关学科,重视对学生理论知识和基础能力的培养;从科研训练来看,浙江大学引导学生参加 SRTP、导师课题、竞赛等多种类型的科研项目,积极举办各种研讨班、经验交流会,培养学生科研兴趣和创新意识;从师资队伍来看,浙江大学通过学科带头人带动师资的提升,同时通过导师制加强对学生的指导和帮扶;从学习资源来看,浙江大学通过多形式的国内外资源,拓展学生国际化视野。整体来看，浙江大学对于人工智能本科人才的培养属于精英教育，其模式可总结如图 3.6 所示。

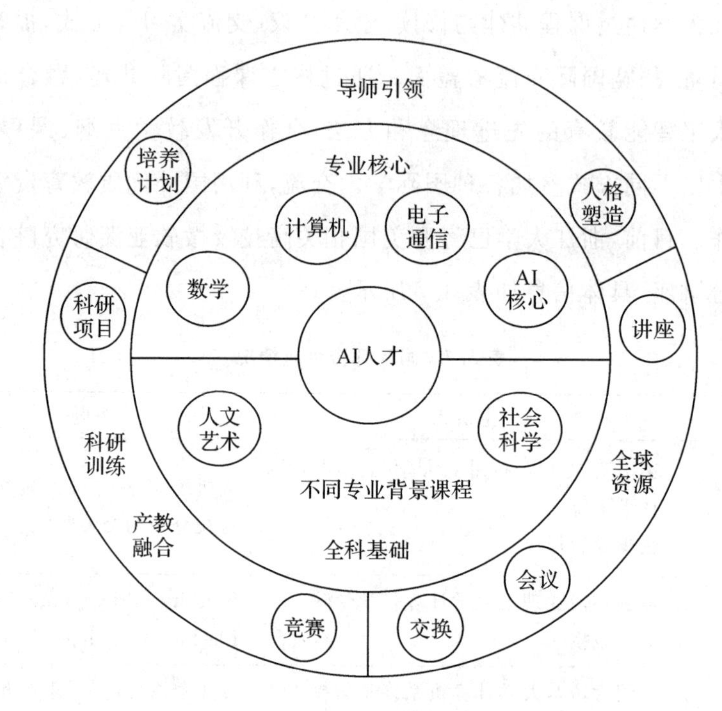

图 3.6 浙江大学人工智能(图灵班)人才培养模式

3.4 上海交通大学吴文俊人工智能荣誉博士班人才培养案例

一、案例选择

(一)案例背景

面对国家和上海市的战略部署，上海交通大学集聚校内外资源，在 2018 年 1 月成立上海交通大学人工智能研究院，统筹管理校内人工智能领域科研工作；在2018年9月上海交通大学吴文俊人工智能荣誉博士班（以下简称“吴班”）揭牌，2019年开始招收第一届学生，关注创新，培养人工智能领域的领军人才；在2019年新增人工智能本科专业，9月正式招收第一批新生，主要以人工智能基础理论、前沿热点为人才培养的着眼点。上海交通大学从科研统筹、人才培养、学科建设等方面发力，助力人工智能发展。

在人工智能学科基础方面，上海交通大学在第四次国家学科评估中，支撑人工智能基础理论技术的计算机科学与技术、控制科学与工程、信息通信工程三个一级学科均为A。[①] 科研方面，上海交通大学在人工智能部分研究方向上有深厚的研究积累，牵头多个重大科研项目，拥有数个人工智能创新研究基地。人才资源方面，清华大学中国科技政策研究中心发布的报告中指出上海交通大学2018年国际人工智能人才投入总量位居全球高校第二名，同时上海交通大学拥有包含多位优秀AI企业管理者的校友资源，包括依图科技联合创始人、商汤科技CEO等。

（二）案例简介

上海交通大学从2019年开始实施“吴文俊人工智能荣誉博士班”计划，吴班瞄准人工智能科技前沿和重大战略需求，开展相关原创性研究，以探索人工智能拔尖博士生培养模式，打造顶级博士生人才培养体系，培养具有宽阔视野、创新能力与社会责任感的人工智能领域领军人才为目标，旨在推动人工智能科技的不断创新。[②] 吴班是人工智能研究院进行人才培养的主要基地。作为上海交通大学人工智能领域的跨学科平台，研究院整合学校相关院系、学科资源，希望在人工智能基础研究、人才培养、成果

---

① 本篇案例资料收集时间为2022年9月—2022年12月，案例报告撰写时间为2023年3月。上海交通大学本科招生网. 人工智能[EB/OL].（2019-06-21）[2024-01-21]. https://zsb.sjtu.edu.cn/web/jdzsb/3810055-3810000002464.htm? Page=7.

② 上海交通大学人工智能研究院. 吴文俊人工智能博士班[EB/OL]. [2024-01-21]. https://ai.sjtu.edu.cn/cultivate/postgraduate/managements/72.

转化方面作出贡献。

吴班自2019年开始招收第一届学生，在人工智能人才培养方面已经取得了优秀的成绩。截至2022年11月，吴班学生人均发表人工智能顶会顶刊(CCF A为主)论文2.92篇，包括CNS及其子刊3篇、被引用超1000的1篇、被引用超100的26篇等被学术界广泛认可的工作。[①] 吴班学生还多次获得国家奖学金、CCF-CV新锐奖、杨嘉墀奖学金、百度奖学金、微软学者奖学金、字节跳动奖学金等荣誉。吴班在人工智能顶尖人才的培养上取得了良好的成效，值得对其人才培养模式进行总结研究，从中学习人工智能博士人才培养方式。

二、案例特色

(一)领军人才，完善多层次人才培养体系

吴班的设立，进一步完善了上海交通大学人工智能人才贯通培养模式。上海交通大学有从本科生、硕士研究生到博士研究生的多层次人工智能人才培养体系(见表3.8)。在本科阶段，电子信息与电气工程学院(以下简称"电院")设立了人工智能特色班，培养中聚焦人工智能基础理论和知识、前沿研究热点。在研究生阶段，电院中设置有人工智能研究方向的学术学位硕士研究生、专业学位硕士研究生以及博士研究生，其培养重点关注行业前沿内容的学习。吴班则更加关注研究生中的精英人才培养，旨在培养潜在的人工智能领域领军人才，推动人工智能领域的创新。

---

① 上海交通大学电子信息与电气工程学院学生办公室. 2022年吴文俊人工智能荣誉博士班(简称"吴文俊班")计划招生通知[EB/OL]. (2022-10-31)[2024-01-21]. https://xsb.seiee.sjtu.edu.cn/xsb/info/35105.htm.

表 3.8 上海交通大学人工智能人才培养

培养阶段	招生主体	培养重点
本科生	电院人工智能专业	学生在人工智能基础理论及能力方面的培养
研究生	电院计算机科学与工程系等	以人工智能研究院为平台，带领学生重点探索行业内的前沿内容
	人工智能研究院吴文俊人工智能荣誉博士班	以支持学生在博士期间做出原创性的研究工作为核心，旨在着重培养潜在的人工智能领域的领军人才

资料来源：上海交通大学新闻学术网．上海交大吴文俊荣誉博士班揭牌，发力人工智能[EB/OL]．(2018-09-20)[2024-01-21]．https://news.sjtu.edu.cn/mtjj/20180920/83701.html.

上海交通大学实现了多层次人工智能人才培养的整体布局。除了培养目标设置上的层级递进之外，上海交通大学还采取了相应措施以保障本研贯通、人才升阶的实现。人工智能本科专业中成绩优异且满足直升研究生条件的学生，可优先进入吴班，本科阶段的课程体系与吴班的课程体系阶梯上升、内容贯通，便于学生快速适应博士阶段的学习；校内还实行了“致远荣誉计划”，每年挑选多名优秀的直博生，在大四时为他们配备名师组成的导师组，吴班部分学生便是“致远荣誉计划”的成员。

(二)关注创新，着重培养学生三个视野

吴文俊先生尤其注重人工智能人才的创新精神，曾寄语我国从事人工智能领域研究的科技工作者，不能走外国人的老路子，要在原创科学及基础理论研究方面有突破，在智能科学技术应用领域全面发展。[①] 吴班继承并发扬吴文俊先生的创新精神，在人才培养方面面向人工智能科技前沿和重大战略需求，支持学生做出原创性研究。为了更好地支持学生在人工智能领域做出突破性创新，吴班在人才培养过程中与各方进行合作着重培养

① 新华每日电讯．纪念我国人工智能先驱吴文俊：点燃中国 AI 创新精神的“老顽童”[EB/OL]．(2019-07-10)[2024-01-21]．https://amss.cas.cn/xwdt/cmsm/201907/t20190710_5338156.html.

学生的三个视野。通过培养国际化视野,使学生接触人工智能领域前沿热点问题;培养跨学科视野,使学生关注人工智能赋能其他领域应用;培养工业界视野,使学生了解现实需要。

吴班通过邀请包括图灵奖得主 Raj Reddy 在内的大师与同学交流、邀请在国际上有影响力的青年学术新星为同学们解答博士期间研究困惑、支持学生在学期间积极在具有较大影响力的国际会议上汇报研究成果等多种方式使得学生能够更好地接触领域前沿热点话题,拓宽国际化视野。同时,吴班定期组织青年学者论坛,邀请吴班同学分享个人科研成果,强化学术交流。

表 3.9 上海交通大学人工智能研究院部分跨学科研究中心

跨学科研究中心名称	主要研究方向
机器认知计算研究中心	侧重神经科学、认知心理学、数理科学与计算技术的交叉学科研究
智能网联汽车研究中心	集聚了车辆工程、自动化、信息安全等优势学科力量,聚焦智能化、电气化、共享化和网联化方向,建设智能网联汽车跨学科交叉平台
智慧医疗研究中心	通过医工交叉,研究和探索基于人在环路的医学人机互动新范式、多传感器及多模态的医学融合感知新范式,以及后人工智能时代深度学习服务临床诊断新范式
智能金融科技研究中心	依托上海交通大学人工智能研究院,联合上海交通大学中国金融研究院和上海交通大学中国法与社会研究院的跨学科开放研究平台,聚焦数据融合与金融合规
人工智能治理与法律研究中心	上海交通大学人工智能研究院在中国法与社会研究院支持下设立人工智能治理与法律研究中心,旨在打造融合法律与科技的世界级学术平台

资料来源:上海交通大学人工智能研究院. 研究中心[EB/OL]. [2024-01-21]. https://ai.sjtu.edu.cn/center.

人工智能技术的重要特征之一就是面向不同应用场景赋能其他学科,跨学科视野是人工智能人才培养的重要方面,吴班也重视培养学生的这一视野。吴班建立"人工智能＋X"复合专业培养模式，探索人工智能与基础学科专业教育的交叉融合，应用人工智能技术赋能其他专业。作为学校人工智能研究的跨学科平台，研究院整合相关学科资源，建设了多个跨学科研究中心，吴班积极利用研究院资源，助力人工智能人才跨学科视野的培养。

吴班还重视对学生工业界视野的培养，关注产业界中人工智能发展的现实需要。吴班积极探索与国内外顶级人工智能企业联合培养模式，邀请华为等知名企业中的专家与吴班同学进行探讨交流。华为、商汤科技、微软亚洲研究院等都是吴班在产业界的重要战略合作伙伴，为吴班人才培养提供产业资源。

（三）多元措施，构成人才培养质量保障

吴班通过设置考核机制、双导师机制、定制化的资助政策等多元举措保障人才培养。吴班与世界一流大学的博士生培养体系及人才培养目标对齐，明确质量控制，对每个环节进行严格把控，建立退出机制。[①] 吴班学生每学期接受考核，若连续两次不通过考核将被要求退出吴班。吴班的选拔、考核、退出机制保证了吴班优秀的生源质量并提高了学生的积极主动性，同时也避免了由于本研贯通造成的博士生长期在同一单位学习所带来的弊端。吴班聘请世界一流大学人工智能领域的教授以及国内外人工智能行业具有重要国际影响力的专家、行业领军者组成顶尖导师团队（见表3.10），实行双导师制。校内优秀导师搭档海外顶尖科学家或人工智能行业领军者共同指导博士生培养，帮助学生拓宽学术视野、开展学术研究。

---

① 上海交通大学电子信息与电气工程学院学生办公室. 2021 年吴文俊人工智能荣誉博士班（简称"吴文俊班"）计划招生通知[EB/OL]. (2021-11-01)[2024-01-21]. https://xsb.seiee.sjtu.edu.cn/xsb/info/33498.htm.

表 3.10　吴班部分导师基本情况

姓名	主要成就
杨小康	主持 973 及 863 课题、国家自然科学基金重点等科研项目 10 项，获国家科技进步奖二等奖、上海市科技进步奖一等奖，入选教育部长江学者特聘教授、国家杰出青年科学基金获得者等
卢策吾	曾在斯坦福大学人工智能实验室担任研究员，担任《科学》《自然》人工智能方向审稿人、CVPR 2020 的领域主席，曾被评为科学中国人杰出青年科学家，被《麻省理工科技评论》评为中国 35 位 35 岁以下科技精英，获得 2019 年度"求是杰出青年学者奖"
严骏驰	曾任 IBM 美国沃森研究中心、日本国立情报学研究所等机构访问研究员。科学中国人杰出青年科学家奖、CCF 优博和 ACM 中国优博提名奖的获得者

吴班定制博士生资助政策，在生活方面给予在读博士生高于平均水平的津贴，在研究方面设立专项奖学金支持博士生赴海外实验室进行学习研究，在就业方面为学术成果优异的学生推荐知名高校、头部企业等高水平就业。吴班的定制化资助政策在一定程度上解决了当下多数博士生都存在的痛点问题，使得学生们可以心无旁骛地选择投身于人工智能领域的研究工作。

三、案例小结

从培养目标上看，吴班着眼于培养人工智能领域领军人才，完善了上海交通大学人工智能人才培养的全体系部署，力图推动人工智能技术创新。从人才培养的衔接来看，吴班通过相关计划从课程、导师等方面发力建设本研贯通的知识体系和研究指导。从人才培养的能力重点来看，吴班通过与国内外著名学者、学术新星等合作培养学生的国际化视野；通过探索与其他学科的交叉融合，利用研究院跨学科研究中心，培养学生的跨学科视野，推动人工智能赋能其他专业；同时，吴班与产业界合作，培养学生的工业界视野。从人才培养的质量保障来看，吴班通过设立选拔、考核、退出机制提高学生的积极性，通过定制化的资助政策保证学生能够专心钻研学术研究，通过雄厚的师资力量与双导师制度保障人才培养质量(见图 3.7)。

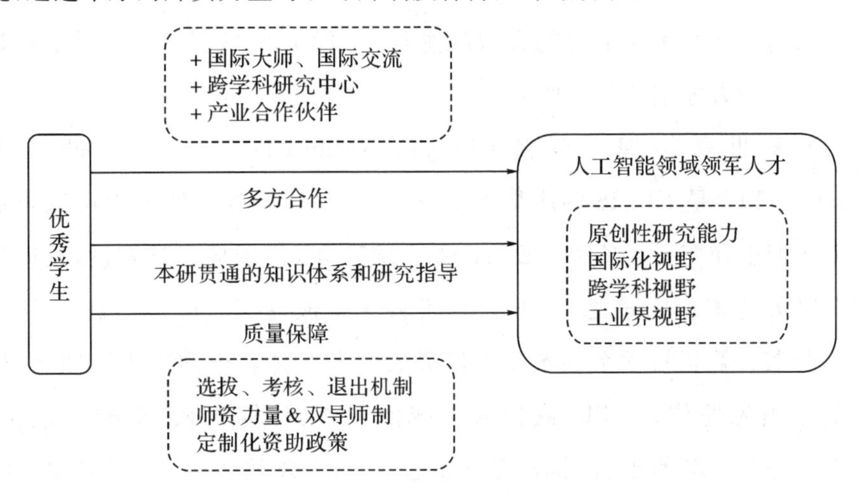

图 3.7　上海交通大学吴班人工智能人才培养模式

3.5　苏黎世联邦理工学院 ELLIS 博士和博士后项目人才培养案例

一、案例选择

(一)案例背景

《卫报》2017 年的一项调查显示，大量的欧洲博士生正在为了美国科技公司提供的高薪离开欧洲，部分大学受到了严重的打击，失去了将近一代的年轻研究人员。[①] 在此背景下，为了解决优秀人才流失这一问题，欧洲学习和智能系统实验室(European Laboratory for Learning and

---

① 本篇案例资料收集时间为 2022 年 9 月—2022 年 12 月，案例报告撰写时间为 2023 年 3 月。腾讯云大数据文摘. 快讯：欧洲科学家策划 AI Hub，积极挽留流向美国的 AI 人才[EB/OL]. (2018-05-23)[2024-01-21]. https://cloud.tencent.com/developer/article/1133705.

Intelligent Systems,ELLIS)于2018年建立,该实验室以机器学习为基础,作为现代人工智能的驱动力,旨在通过创建一个多中心的人工智能研究实验室来确保欧洲在人工智能领域的主权[①]。ELLIS博士和博士后项目是ELLIS进行人才培养的主要部分。

苏黎世联邦理工学院(Eidgenössische Technische Hochschule Zürich,ETH)是ELLIS的成员之一,校内人工智能领域博士生可以申请ELLIS博士和博士后项目。ETH建于1855年,位于瑞士苏黎世,是世界范围顶级的理工院校之一,其计算机科学系成立于1981年,2021年和2022年其计算机科学系在泰晤士世界大学专业排名中均位于第四名,处于全球领先地位。ETH依托人工智能中心、计算机系、机械工程系、ELLIS等多个培养平台,推出各类人工智能人才培养项目,建成本、硕、博、博士后、继续教育多层次的人才培养体系。

(二)案例简介

ELLIS博士和博士后项目通过将优秀的年轻研究人员与欧洲的领先研究人员联系起来,并提供各种交流和培训活动,包括暑期学校和研讨会,支持他们做出卓越研究,博士和博士后以在顶级会议上发表论文为目标,在机器学习或相关研究领域进行前沿的、好奇心驱动的研究。[②] ELLIS博士和博士后项目人才培养目标直观且明确,在描述中并非提出要培养具备何种能力的人,而是提出可进行直观评价的"做出卓越研究,发表优秀论文";同时ELLIS博士和博士后项目依托于ELLIS平台,旨在形成一个泛欧洲的人工智能人才培养项目,其人才培养能够集成跨区域的丰富的资源。由此可见,ELLIS博士和博士后项目具有鲜明的特色,包括清楚明晰的培养目标以及跨区域的人才培养合作机制,值得对其人才培养模式进行

---

① 欧洲学习与智能系统实验室. ELLIS[EB/OL]. [2024-01-21]. https://ellis.eu/.

② 欧洲学习与智能系统实验室. 博士和博士后计划[EB/OL]. [2024-01-21]. https://ellis.eu/phd-postdoc.

研究，从中学习人才培养的创新举措。

对于人工智能领域博士生的培养，ETH 参与了三个项目，包括苏黎世联邦理工学院人工智能中心（ETH AI Center）博士和博士后项目、学习系统中心（Center for Learning Systems，CLS）博士项目、ELLIS 博士和博士后项目。本章从 ETH 展开，详细分析以 ETH 作为主要培养主体的 ELLIS 博士和博士后项目中人工智能博士生培养的主要模式。

二、案例特色

（一）设置多元特色课程，关注学生能力培养

ETH 中参与 ELLIS 博士和博士后项目的博士生需在 ETH 和另一 ELLIS 成员中进行研究和学习，ETH 是主要的培养主体。对于博士生培养，ETH 在课程设置方面给予学生较大的自由度。ETH 的博士学位不受综合博士课程要求的约束，每个博士生都可以自己选择和编排其博士课程的内容。[①] 部分学院会提供模块化的博士课程，计算科学与工程研究生院便是其中之一，选择这一博士课程的博士生需要在毕业前获得至少 12 个学分，课程模块具体情况如表 3.11 所示。

表 3.11　ETH 计算科学与工程研究生院博士课程

课程模块	学分	主要内容
集体课程和研讨会（Block Courses and Seminars）	2—4 学分	向学生介绍各种方法，培训学生开发软件和相关应用程序
实验室交换（Laboratory Exchanges）	1—2 学分	到其他实验室中进行研究并完成老师所提出的项目
交流活动（Retreats）	2 学分	设置相关主题，学生参与其中进行交流互动

① 苏黎世联邦理工学院. 博士课程[EB/OL]. [2024-01-21]. https://ethz.ch/de/doktorat/programme.html.

续表

课程模块	学分	主要内容
产学建模周(Academia-Industry Modeling Weeks)	2 学分	学生组成团队研究行业合作伙伴提出的应用问题
期刊俱乐部(Journal Clubs)	1—2 学分	展示和讨论关于计算科学的论文,需要定期提交论文

资料来源:苏黎世计算科学.中央经济合作区研究生院[EB/OL].[2024-01-21]. https://www.zhcs.ch/education/cs-zurich-graduate-school/.

在这一博士课程的设置中,既包括基础理论知识学习的模块,也包括多元能力培养的课程模块,其中占比较大的课程内容主要关注学生的学术研究、项目实践、交流合作等能力的培养。由此可知,ETH 的博士生培养,在课程方面,学生具有较大的自由度,但是知识的习得并不是学校的培养重点,学术研究等能力的培养更为重要。

(二)学术行业双轨道助力人才产出卓越研究

ELLIS 的重点是进行卓越的基础研究,推进最先进的技术,产生技术创新并创造积极的社会和经济影响。[①] ELLIS 博士和博士后项目也以此为目标,从实现基础科学突破、技术发展创新两个关注点出发设置了学术轨道和行业轨道两个项目(见表 3.12)。学术轨道和行业轨道的焦点(focus)都是"强调卓越研究和发表科学论文",其选拔程序也是相同的。学术轨道和行业轨道最大的不同在于博士生另一个培养主体的选择,学术轨道的博士生需选择位于另一欧洲国家的学术机构,旨在推动国际合作;而行业轨道的博士生需要选择 ELLIS 的企业成员,意在促进欧洲学术机构和行业之间的合作。

---

① 欧洲学习与智能系统实验室. ELLIS 网络[EB/OL].[2024-01-21]. https://ellisalicante.org/network.

表 3.12 ELLIS 博士和博士后项目学术轨道和行业轨道具体情况

项目	学术轨道	行业轨道
焦点	强调卓越研究和发表科学论文	
目标	基础科学突破、技术发展创新，致力于学术机构国际合作	基础科学突破、技术发展创新，促进学术机构和行业合作
选拔	选择程序由 ELLIS 博士和博士后委员会确定并监督，共同监督方进行质量控制	
导师	1 名 ELLIS 研究员/学者/单位教员＋1 名研究员/学者/成员共同监督	
合作机构	2 个欧洲学术机构	1 个欧洲学术机构＋1 个欧洲行业参与者
位置	合作机构位于欧洲的不同国家	合作伙伴必须位于欧洲，可以位于同一国家/城市
时间要求	在二级机构至少 6 个月	在学术界（最少 50％）和工业界（最少 6 个月）之间进行时间分配

资料来源：欧洲学习与智能系统实验室. 博士和博士后计划[EB/OL]. [2024-01-21]. https://ellis.eu/phd-postdoc.

学术轨道和行业轨道的设置使得学生具有“双培养主体、双导师”，也就意味着学生可以接触并使用两所机构的硬件设施和研究资源，可以接受有不同背景的双导师指导。同时，对于在两个培养主体的学习时间的硬性规定，也进一步保证了学生可以从两个培养主体的实践合作中受益。

（三）依托 ELLIS 平台促进人才联系、产学合作

ELLIS 希望构建一个虚拟网络将顶尖人才联系起来，并吸引他们留在欧洲为欧洲人工智能发展作出贡献，确保欧洲在人工智能领域的全球地位。ELLIS 博士和博士后项目通过 ELLIS 这一平台将来自世界各地的杰出年轻研究人员与欧洲的领先科学家联系起来，同时也通过人才培养的纽带作用将欧洲的优秀学者联系起来，甚至作为媒介联系起学术界与产业界。

一是将优秀学生与顶尖学者联系起来。学生参与 ELLIS 博士和博士

后项目,可以接触由学术界和工业界多名领先的机器学习研究人员组成的国际网络,由感兴趣领域的研究人员作为导师指导,与顶级研究团队合作。[①] ELLIS 博士和博士生项目的“双培养主体、双导师”特点给优秀学生接触更多研究机构和顶尖学者的机会,更有利于学生接触领域前沿热点,同时也能够为学生的研究提供丰富和便利的资源。

二是将学术界与产业界联系起来。ELLIS 格外注重其生态系统的建设,在人才培养中联合产业界和学术界共同发力。首先,参与 ELLIS 博士和博士后项目行业轨道的学生是学术机构和行业合作伙伴之间合作的一部分,可加强产业界和学术界之间的联系,发挥人才培养的纽带作用。其次,通过赞助计划建立和深化学术界和产业界之间的联系,企业赞助的资金将会用到 ELLIS 博士和博士后计划进行人才培养,如 ELLIS 博士和博士后项目的博士生参加的暑期学校、训练营、系列讲座等活动就有产业界赞助商的支持。

三、案例小结

ELLIS 博士和博士后项目是泛欧洲的人才培养项目,多所高校和企业都参与其中,ETH 也是其成员之一。ELLIS 博士的培养模式可以概括为“大平台、双主体、重研究”。在培养主体方面,ETH 为主要培养主体,学生需再选择一个 ELLIS 成员作为次要培养主体,并需到实地进行学习与研究;在培养重点方面,以科研为主课程为辅,ETH 博士可依据个人情况自选课程,课程包括理论学习类、学术研究类、项目实践类以及交流合作类,更关注科研能力的提升;在人才培养途径方面,ELLIS 博士和博士后项目设置了注重国际合作的学术轨道和促进欧洲学术机构和行业之间合作的行业轨道进行人才培养;在人才培养平台方面,ELLIS 博士和博士后

---

① 欧洲学习与智能系统实验室.博士和博士后计划[EB/OL].[2024-01-21]. https://ellis.eu/phd-postdoc.

项目依托 ELLIS 平台汇聚顶尖研究机构、优秀学者和领先企业，加深学生与优秀学者之间的联系，同时以人才培养为纽带将产业界与学术界联系起来。最终，ELLIS 博士和博士后项目力图通过这些努力使人才能够进行卓越研究，发表优秀论文。

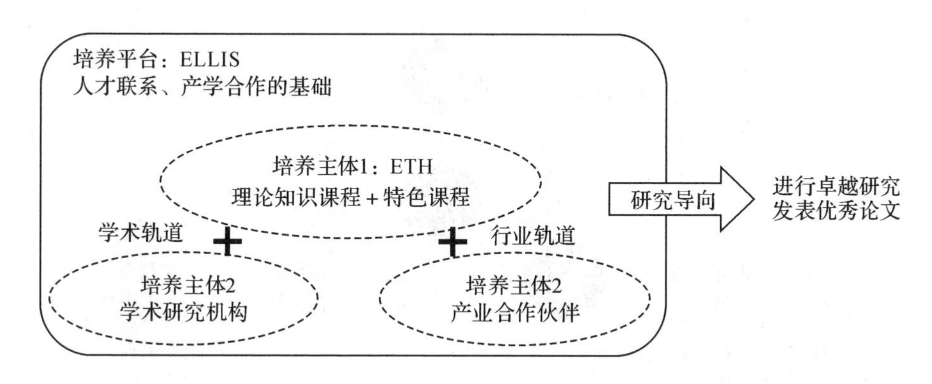

图 3.8 苏黎世联邦理工学院 ELLIS 博士和博士后项目人才培养模式

3.6 “AI”人才培养案例小结

从培养目标定位来看，本章案例均聚焦于培养 AI 领域的专业核心人才，即培养未来 AI 领域的学科引领者和科学家，以推动 AI 关键核心技术创新。具体的培养举措可进一步归纳为“AI 专业研发型人才培养路径”，该路径致力于培养 AI 领域的专业核心人才，以取得 AI 关键核心技术领域的突破创新，对学生的 AI 专业知识基础和交叉创新思维有较高要求。高校和科研机构在这类人才培养中发挥主导作用，在培养平台选择方面，主要依托 AI 专业院系和跨学科研究中心；在师资资源获取方面，通过组建 AI 专业师资队伍，把握 AI 发展的前沿领域；在课程资源设计方面，专业基础课程、AI 核心课程比重高，为学生打下扎实的理论基础；在工具资源方面，通过 AI 创新竞赛、前沿交叉讲座研讨会开拓国际视野，引导学生关注前沿领域，鼓励学生参与科研实践，基于跨学科研究项目育人，既培养学生科学研究能力，也促进在 AI 领域交叉领域产出创新成果，推动 AI 自身发展（见图 3.9）。

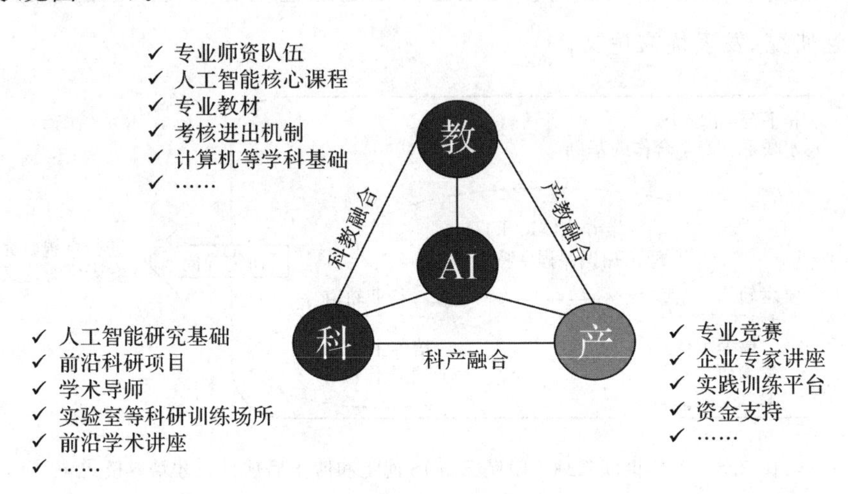

图 3.9　AI 专业研发型人才培养路径

第四章 “AI+”篇:场景应用型人才培养

本章聚焦“AI+”复合应用人才的人才培养案例,这类型人才定位于掌握AI领域知识和能力的专业人才,以实现AI在其他领域创新应用。根据典型性和聚焦性原则,选取南洋理工大学“AI+”数据科学本科专业、北京航空航天大学“AI+”软件工程人才培养案例、湖南大学“AI+”机器人人才培养案例、上海大学“AI+”海洋人工智能人才培养案例、麻省理工学院“AI+”决策本科人才培养案例、金华职业技术学院人工智能技术应用人才培养案例六个案例,基于多种渠道广泛收集到的一二手资料,深入挖掘所选案例为培养“AI+”复合应用人才在课程设置、师资队伍组建、培养平台搭建、实践体系建设等方面的特色做法。

表4.1 “AI+”篇案例基本信息

案例名称	所属区域	培养层次	培养目标
南洋理工大学“AI+”数据科学本科专业	新加坡	本科	由本校计算机科学与工程学院和物理与数学科学学院联合开设,培养兼具人工智能和数据科学知识和能力的高技能人才
北京航空航天大学“AI+”软件工程人才培养案例	中国	硕士	以校企深度合作、产学研协同育人的方式开设了我国首批以非全日制为培养形式的软件工程专业人工智能研究方向,助力智能软件工程人才培养

续表

案例名称	所属区域	培养层次	培养目标
湖南大学“AI+”机器人人才培养案例	中国	本科	国内最早成立专门从事前沿交叉学科“智能机器人+”创新人才培养的高校之一，培养支撑中国“智”造的智能机器人人才
上海大学“AI+”海洋人工智能人才培养案例	中国	硕士	以“智赋海洋，能创无限”为使命，面向海洋应用场景，培养人工智能+海洋复合应用人才
麻省理工学院“AI+”决策本科人才培养案例	美国	本科	融合计算机科学与技术、认知科学等相关学科，瞄准国际科技发展前沿，面向人工智能时代的重大现实需求，构建多学科交叉融合、产业与人才协同发展的AI+人才培养模式
金华职业技术学院人工智能技术应用人才培养案例	中国	高职	践行“重能力、扬个性、分流分层”人才培养理念，通过定制化的课程设置、渐进式的实践教学体系以及职业资格证书的认定，使学生能够胜任不同岗位的人工智能技术应用工作，满足社会对高素质技术人才的需求

4.1 南洋理工大学“AI+”数据科学本科人才培养案例

一、案例选取

(一)案例背景

2017年，新加坡国家研究基金会推出“国家人工智能核心”(AI Singapore，简称AI.SG)计划，旨在凝聚政府、高校、科研机构与产业等新加坡AI生态系统内的力量，促进新加坡人工智能的发展与应用，增强其在人工智能领域的实力。① 在该政策的引领下，南洋理工大学计算机科学和工程学院新设四年制的数据科学和人工智能本科专业，后又陆续推出会计与数据科学和人工智能双学位、数据科学和人工智能 FlexiMasters 等人工智能人才培养项目，现已成功培养上万名毕业生，在新加坡和世界各地的顶级学术机构和公司中作为人工智能研究人员对社会产生影响②，人工智能人才培养成效显著。

另外，南洋理工大学具备人工智能人才培养的优势基础。该校的计算机科学与工程学院世界排名第四，其人工智能研究水平和引文影响力位列世界第二，拥有 80 多名致力于卓越教学和研究的世界顶尖学者，其中包括四位“AI 十大潜力人物”学者，具备优秀的人工智能人才培养基础。因此，选取南洋理工大学数据科学与人工智能人才培养案例，通过解构其课程体系、实践体系及培养平台建设等，总结南洋理工大学人工智能人才培养的特色及先进经验。

（二）案例简介

2018 年，南洋理工大学计算机科学与工程学院和物理与数学科学学院联合开设“数据科学和人工智能(Bachelor of Science in Data Science and Artificial Intelligence)”四年制本科专业，旨在培养下一代高技能毕业生，使学生掌握数据科学和人工智能方面的知识，为社会面临的紧迫挑战寻求创新解决方案，以推动新加坡高价值经济的持续增长③，最终授予其理学学士学位。

---

① 本篇案例资料收集时间为 2022 年 1 月—2022 年 5 月，案例报告撰写时间为 2022 年 6 月。National Research Fundation Prime Minister's Office Singapore. AI Singapore[EB/OL]. [2024-01-21]. https://www.nrf.gov.sg/programmes/artificial-intelligence-r-d-programme.

② Nanyang Technological University. About Us[EB/OL]. [2024-01-21]. https://www.ntu.edu.sg/scse/about-us.

③ Nanyang Technological University. Bachelor of Science in Data Science and Artificial Intelligence [EB/OL]. [2024-01-21]. https://www.ntu.edu.sg/scse/admissions/programmes/undergraduate-programmes/detail/bachelor-of-science-in-data-science-artificial-intelligence#career.

在目标定位方面，基于新加坡在开发先进人工智能系统时面临的缺乏足够数据来训练智能系统的发展劣势，南洋理工大学的数据科学和人工智能人才培养项目注重在计算机科学和数据科学之间取得平衡，使学生能够在数据科学计算方面得到全面的培训，在计算机科学、统计学和数学方面拥有较强基础。除了专业相关知识技能外，引导学生将知识应用于金融服务、政府服务、医疗保健、生物技术、环境可持续发展等重点行业，培养学生解决问题的能力以及跨学科思维，发展学生的创造力和社会适应性，培养未来机器学习工程师、数据科学家、商业智能开发工程师、计算机视觉研究工程师、数据分析师、数据架构师、人工智能工程师、人工智能科学家。

二、案例特色

（一）数学和计算机并重，扎实人工智能技术赋能基础

南洋理工大学数据科学和人工智能本科专业课程结构整体呈模块化特征，分为专业课程模块、跨学科协作核心课程模块以及拓宽深化选修课程模块三大板块，并详细规定了各模块的学分要求（见表 4.2）。

表 4.2　南洋理工大学数据科学和人工智能本科专业课程结构及学分要求

学年	专业课程		跨学科课程		拓展深化选修课程(BDE)	总学分
	核心课程	指定选修课(MPE)	公共核心课程(CC)	基础核心课程(FC)		
1	16	0	9	3	6	34
2	26	0	8	2	0	36
3	10	6	0	10	3	29
4	8	12	0	0	12	32
总计	60	18	17	15	21	131

资料来源：Nanyang Technological University. AY2022-2023 Curriculum for Data Science & Artificial Intelligence[EB/OL]. [2024-01-21]. https://www.ntu.edu.sg/docs/librariesprovider118/ug/dsai/2022/ay22-23_ce-curriculum-structure-dsai_june-2022.pdf?sfvrsn=6a3f3ca_3.

具体到各模块的具体内容(见表4.3),南洋理工大学数据科学和人工智能本科专业课程包含数学基础、计算机、数据统计与分析和人工智能四个方面,专业课程覆盖面广且偏向基础,更有利于与高中阶段知识衔接,打牢学生学习基础。在高年级阶段才开设机器学习、人工智能等人工智能课程,学生可以依据个人学习兴趣和知识储备选择与专业相关的指定选修课程(MPE),如开发数据产品、大数据管理等,帮助学生继续发展不同分支的大数据统计分析与人工智能能力。此外,南洋理工大学数据科学和人工智能专业注重培养学生的跨学科能力,跨学科课程模块广泛涉及公共管理、医疗健康、创新创业、可持续发展等其他学科知识,以促进人工智能与其他学科交叉领域的融合创新,有利于学生未来开展个性化学习。

表4.3 数据科学和人工智能本科专业课程表

总学分:131分			
学习年份	专业课程	跨学科课程	拓展深化选修课程(BDE)
第一年:掌握数学科学基本概念和计算机科学基础原理	计算思维与编程导论 离散数学 微积分 数据结构与算法 面向对象设计与编程	多元文化世界中的伦理与公民学 健康生活和幸福 跨学科世界的探究与交流 引领数字世界 数据科学与人工智能导论	BDE1 BDE2
第二年:深入钻研数据科学和人工智能领域并与其他学科相融合	概率论与统计导论 算法设计与分析 科学家的线性代数 软件工程 数据库系统简介 计算机数据分析 人工智能 统计数据	科技造福人类 面向未来世界的职业与创业发展 可持续发展:社会、经济与环境 科学交流	

续表

总学分:131 分			
学习年份	专业课程	跨学科课程	拓展深化选修课程(BDE)
第三年 & 第四年:在专业实习期间将技能付诸实践	机器学习 分析与挖掘 微积分Ⅲ 计算机安全 MPE1	专业实习	BDE3
	最后一年项目 MPE2 MPE3		BDE4 BDE5

资料来源:Nanyang Technological University. Bachelor of Science in Data Science and Artificial Intelligence Curriculum Structure [EB/OL]. [2024-01-21]. https://www.ntu.edu.sg/scse/admissions/programmes/undergraduate-programmes/curriculum-structure#Content_C021_Col00.

(二)以产教融合为抓手,实现人工智能技术赋能场景应用

在新加坡经济发展局的支持下,南洋理工大学(NTU)和美国超威半导体公司(AMD)2021 年正式在南洋理工大学计算机科学与工程学院成立 NTU-AMD 数据科学和人工智能联合实验室(DS & AI Lab)。该实验室将结合 AMD 领先的深度学习技术和 NTU 在机器学习、人工智能和数据科学方面的全球优势,培养未来数据科学和人工智能领域的领军人才以及下一代具有全球竞争力的技术领导者和创新者,以配合新加坡打造蓬勃发展的人工智能生态系统。自实验室于 2018 年启动以来,大约有 150 名来自南洋理工大学数据科学和人工智能本科专业的学生受益于该实验室的配套设施。DS & AI Lab 耗资 480 万新元,配备了 AMD 行业领先的 EPYC 处理器和 Radeon Instinct MI25 加速器,学生不仅可以在实验室上课,还能够通过 AMD 服务器访问他们的计算资源,利用这些资源去完成

他们的研究项目和其他相关活动。[①] 另外,AMD还会为数据科学和人工智能专业学生提供与公司内部专业人员交流以及在AMD上海研发中心和新加坡产品开发中心的实习机会,使学生接触到数据科学和人工智能技术在真实世界的应用,如基于特征识别、语音识别和运动检测开发安全领域的软件算法,使用大数据分析来提供产品优化建议,开发临床支持解决方案来辅助医疗诊断。[②] 同时,南洋理工大学教授也会与AMD的人工智能和机器学习专家开展密切合作,为实验室成员举办联合培训和研讨会,共同解决数据科学和人工智能领域的前沿问题。

(三)创新设置联合学位,实现人工智能技术赋能其他学科

会计与数据科学和人工智能双学位项目(Double Degree in Accountancy & Data Science and Artificial Intelligence)是南洋理工大学商学院和计算机科学与工程学院联合开设的本科专业,学制为四年半,学生毕业可同时获得会计学学士学位和数据科学和人工智能理学学士学位。[③] 该项目将会教授学生管理数据、通过编程进行商业分析、创建AI模型来自动化管理业务流程以及建立预测模型以提高盈利能力或回报,培养兼具会计以及数据科学和人工智能能力的交叉创新人才。会计与数据科学和人工智能双学位专业课程体系在数据科学和人工智能专业课程结构的基础上,增加了会计专业相关课程,实现人工智能与会计学的交叉融合,具体如表4.4所示。该专业致力于培养学生的会计及数据科学和人工智

---

① Nanyang Technological University. Joint lab for data science and AI traininge[EB/OL]. (2021-10-28)[2024-01-21]. https://www.ntu.edu.sg/news/detail/joint-ntu-amd-lab-to-boost-data-science-and-artificial-intelligence-training.

② Nanyang Technological University. NTU-AMD to launch Data Science and AI Lab (S$4.8M), for DS&AI undergraduate programme and Work-StudyScheme[EB/OL]. (2019-01-04)[2024-01-21]. https://www.ntu.edu.sg/scse/news-events/news/detail/ntu-amd-to-launch-data-science-and-ai-lab-for-ds-ai-undergraduate-programme-and-work-study-scheme.

③ Nanyang Technological University. Double Degree in Accountancy & Data Science and Artificial Intelligence[EB/OL]. [2024-01-21]. https://wcms-prod-admin.ntu.edu.sg/education/undergraduate-programme/double-degree-in-accountancy-and-science#programme.

能复合能力，未来可以胜任会计师事务所数据分析职位、金融机构和商业跨国公司的数据管理职位、咨询公司的咨询职位、会计或金融技术公司的技术项目管理等职位。

表 4.4 会计与数据科学和人工智能本科专业课程

专业课程		跨学科课程	选修课程	
会计学	数据科学和人工智能		指定选修课(MPE)	拓展深化选修课程(BDE)
会计学一 会计学二 财务管理 统计与分析 中级 Excel * 商业法 营销 组织行为与设计 战略管理 业务运营和流程 会计识别与测量 鉴证和审计 会计决策与控制 税收原则 公司法与公司治理 会计信息系统 会计分析和估值 风险报告与分析 风险管理和高级审计	计算思维与编程导论 数据结构与算法 算法设计与分析 面向对象设计与编程 软件工程 数据库系统简介 人工智能 机器学习 数据分析与挖掘 最后一年项目 微积分 离散数学 微积分三 概率论与统计学导论 科学家的线性代数 统计学 使用计算机进行数据分析	健康生活与心理健康 可持续性：社会、经济与环境 科学技术造福人类 未来世界的职业与创业发展 多元文化世界中的伦理与公民 驾驭数字世界 跨学科世界中的探究与交流	会计信息系统 风险管理和高级审计 数据科学和人工智能在会计中的应用 数据科学与人工智能专业的指定选修课	会计学、数据科学与人工智能相关课程

资料来源：Nanyang Technological University. Double Degree in Accountancy & Data Science and Artificial Intelligence curriculum [EB/OL]. [2024-01-21]. https://wcms-prod-admin.ntu.edu.sg/education/undergraduate-programme/double-degree-in-accountancy-and-science#programme.

三、案例小结

南洋理工大学于2018年开设数据科学和人工智能人才培养项目以响应新加坡政府的AI.SG计划。尽管与其他世界顶尖高校相比,南洋理工大学数据科学和人工智能人才培养项目开设的时间并不长,但依托本校强劲的人工智能研究水平和政府、产业界的支持,该项目得以快速推进,并取得了卓越的人工智能人才培养成效。

从目标定位看,南洋理工大学数据科学和人工智能人才培养项目主要面向本科生,致力于培养人工智能+数据科学、人工智能+会计等跨学科AI+复合应用人才;从课程体系看,南洋理工大学课程内容偏基础,注重培养学生扎实的理论基础,课程结构整体呈模块化特征,并单独开设跨学科课程模块,培养学生的交叉创新意识;从培养平台看,除了依托于本校的计算机科学和工程学院,南洋理工大学积极探索产教融合培养人工智能人才,与美国超威半导体公司联合搭建的DS & AI Lab成为南洋理工大学数据科学和人工智能本科人才培养的重要载体,为学生提供了接触不同应用场景的实践环境,提高了学生的实践应用能力。总体来看,南洋理工大学数据科学和人工智能人才培养案例涌现出学科交叉和产教融合育人路径,在目标定位、课程设计、平台搭建等方面为培养人工智能交叉复合人才提供经验和启示,是产教融合培养AI+复合应用人才的典范。见图4.1。

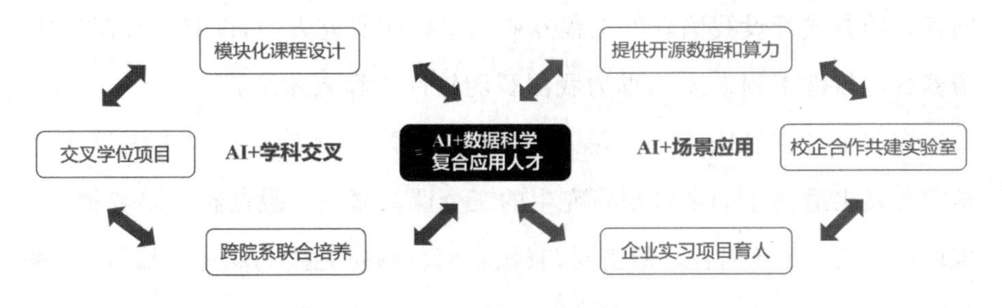

图4.1 南洋理工大学数据科学和人工智能人才培养模式

4.2 北京航空航天大学“AI+”软件工程人才培养案例

一、案例选取

(一)案例背景

为满足软件产业发展对人才的迫切需要，实现我国软件人才培养的跨越式发展，2001 年，教育部和国家发展计划委员会发布《关于批准有关高等学校试办示范性软件学院的通知》，正式批准 35 所高等学校试办示范性软件学院。在该政策引领下，北京航空航天大学设立软件学院，软件工程学科在 2017 年 12 月第四轮学科评估中获评 A+学科，连续两次入选国家一流学科建设名单。随着第四次智能化技术革命时代的到来，智能软件工程人才已成为北京航空航天大学软件学院人才培养的主要目标。目前，人工智能已成为引领新一轮科技革命的战略性技术，可以与各行业深度融合与创新，成为了国家战略布局的重要环节。为了贯彻国家发展战略，助力中国人工智能行业的发展，探索和促进人工智能领域人才培养，北京航空航天大学软件学院邀请领域顶级专家和行业领军企业参与，依托北京航空航天大学在软件工程领域强势学科地位，率先以校企深度合作、产学研协同育人的方式开设我国软件工程专业人工智能研究方向，以非全日制方式培养智能软件工程人才[①]，助力我国智能软件工程人才培养。

在非全日制 AI+软件工程人才培养过程中，北京航空航天大学软件学院开发出适用于非全日制研究生的三个课堂联动建设的特色培养模式。该培养模式立足于时代发展需要，兼顾非全日制研究生的职业发展诉求，通

① 本篇案例资料收集时间为 2022 年 9 月—2022 年 12 月，案例报告撰写时间为 2023 年 3 月。北京航空航天大学软件学院[EB/OL].[2023-03-15].http://soft.buaa.edu.cn/zyjj/rgzn.htm.

过校内校外等三个课堂联动的形式实现了多主体协同育人。在非全日制研究生教育纳入学位授权点合格评估范围的背景下，北京航空航天大学软件学院在2021年入选首批国家特色化示范性软件学院，人才培养成效显著。因此，选取北京航空航天大学软件学院软件工程硕士人才培养案例，分析其三个课堂联动建设的培养模式，总结人工智能赋能软件工程人才培养的先进经验，可为新时代非全日制AI+人才培养提供针对性的建议。

（二）案例简介

北京航空航天大学软件学院2022年拟招收200名非全日制电子信息类专业硕士[①]，将分为虚拟现实技术与应用（VR）、人工智能（AI）、软件工程与管理、大数据技术与应用、北航青岛研究院（VR/AI）五个研究方向[②]，旨在培养以服务国家重大战略需求、解决“卡脖子”问题为使命的人工智能软件人才。从具体目标定位来看，北京航空航天大学软件学院注重培养具有自主创新能力的高级复合型软件人才，突出创新潜质和工程素质的培养，努力培养学生成为具有良好的职业道德和使命担当，扎实的软件工程理论和专业知识，良好的交流与组织协调能力，较强的参与国际竞争能力和创新能力的人才。本章分析其在人工智能赋能软件工程人才培养中所体现的特色。

二、案例特色

（一）设置模块化课程体系，强调模块间的交叉融合

北京航空航天大学软件学院开设我国首批软件工程人工智能方向，按照新工科理念，始终面向技术前沿来定制课程内容，设置模块化课程体系

① 北京航空航天大学学历硕士专业目录及考试科目查询[EB/OL].[2024-01-21]. http://yzb.buaa.edu.cn/xlss/zymlcx.htm.

② 北京航空航天大学软件学院[EB/OL].[2023-03-15]. http://soft.buaa.edu.cn/info/1123/2591.htm.

(如表 4.5 所示),并体现了课程模块间交叉相融的特点。

表 4.5 软件工程人工智能方向专业课程模块

思想政治理论课	基础及专业理论课	专业技术课	综合素养	综合实践
中国特色社会主义理论与实践研究	工程数学 软件过程管理 机器学习基础 程序设计与算法 人工智能原理与技术 人工智能高性能运算	大数据处理与可视化分析 智能无人系统与计算机视觉 语音技术与自然语言处理	工程伦理 学术英语	软件工程基础实践

资料来源:作者根据官网信息自行整理(http://soft.buaa.edu.cn/yjsjx/kctz.htm)。

第一,设置思想政治理论课和综合素养课程模块,将通识教育有机渗透。北京航空航天大学软件学院单独开设了思想政治理论课,通过具有相似属性的朋辈之间共同学习可以培育学生的思想素质和爱国主义情怀,有助于促进学生坚定理想信念,引导学生树立“矢志报国、求真尚德、创新有为、笃行实干”的价值追求。除此之外,北京航空航天大学软件学院还设置综合素养课程模块,在人文素养课程的学习中可以与专业教育实现优势互补,助力“AI+软件工程”的高级复合人才的培养。

第二,设置基础及专业理论课程模块和专业技术课程模块的纵向贯通的核心课程体系。北京航空航天大学软件学院十分注重学生的专业基础的培养,设置了包含“机器学习基础”“人工智能原理与技术”等多个课程在内的基础理论课程模块,筑牢了专业核心素养。在基础理论课程培养之外,北京航空航天大学软件学院还开设了面向自然语言处理、数据分析等特定应用场景的专业技术课程模块,形成了“基础+应用”的纵向贯通课程体系,顺应了软件行业发展趋势与要求,有助于学生在灵活运用所学基础知识上把握“AI+软件工程”技术发展的动态前沿,助推学生系统思维的培养。

第三,设置以项目为导向的综合实践课程模块。综合实践与培养模块下《软件工程基础实践》这门课程以项目实践为考核标准,通过设计具有挑战性和实操性的项目，让学生在灵活运用所学知识基础上通过团队合作去解决面向企业的实际场景应用问题。这不仅能够培育学生间团队合作精神，而且进阶性的项目能够使学生灵活运用所学习过的“基础+应用”的专业核心课程上完整掌握智能软件开发与调试的方法，有助于打通走向企业的最后一里路，培育学生交叉复合的实践能力。

（二）寓教于赛，以赛促学

竞赛活动是各高校研究生创新能力培养的重要途径，是第一课堂的重要补充。[①] 北京航空航天大学软件学院参与或搭建了多层次的竞赛平台，从专业竞赛和创业竞赛两方面共同培育学生创新创业和通用素质等多方面的高阶系统能力。下面将从专业竞赛和创业竞赛两方面来挖掘北京航空航天大学软件学院在AI+软件工程人才培养中的特色。

第一，专业竞赛深化学生知识素养和创新能力的培养。北京航空航天大学软件学院牢牢抓住第二课堂阵地，在学院内形成以赛促学的良好氛围，对第一课堂形成有益补充。学生们积极踊跃地参与国内国际多项程序设计大赛等专业竞赛，在竞赛中温习所学知识并掌握更高阶的专业知识，可以培育自身解决复杂工程问题的能力和创新能力。除此之外，专业竞赛也可以培养学生自身的团队协作能力，有助于实现厚基础、强实践的人才培养目标。在人才培养成果上，北京航空航天大学软件学院学生近年来斩获国内国际多项专业竞赛奖项，例如，2022年7月，学生获得了“华为杯第46届国际大学生程序设计竞赛”三项金奖、两项铜奖。2021年8月，学生获得了全球数字经济大会百度低代码应用创新大赛赛道一等奖。同年，学生获得第四届中国信息协会iFLYTEK AI开发者大赛AI算法赛车辆贷款违约预测挑战赛亚军。[②] 这一系列成果离不开北京航空航天大学软件

---

① 王进，赵春鱼，朱琦，等．高校机器人竞赛指数设计、建模与分析[J]．高等工程教育研究，2022(5)：157-163．

② 北京航空航天大学软件学院官方网站[EB/OL]．[2024-01-21]．http://soft.buaa.edu.cn/xwdt/xyxw.htm．

学院寓教于赛培养方针的施行。

第二,创业竞赛培育学生创新创业思维和高阶系统能力。北京航空航天大学联合企业家俱乐部、北航投资有限公司、北京北航资产经营有限公司等多家单位搭建了大学生创新创业竞赛平台。北京航空航天大学软件学院积极动员学生参与学校为学生创业搭建的平台。相较于其他创业比赛,北京航空航天大学所组织的北航全球创新创业大赛更具有商业特征,在比赛中会有梅花创投、华创资本中关村科学城、创势资本、赛宸投资、三九投资、科鑫资本、柏彦基金、中科创星、元航资本、星空投资等投资机构参与评审,从创业项目的技术创新、市场前景、商业模式可行性、团队架构、资本化可能性等维度进行考察。如果挖掘出有潜在商业价值的项目,天使投资人或者风投机构会进行投资助推项目落地,挖掘未来的"独角兽"企业。[①] 在参与创业竞赛过程中,学生不仅可以训练自身创新思维和商业思维,在试销产品和服务过程中也可以培养自身口头表达能力、组织能力和领导能力在内的高阶系统能力。目前,在北航全球创新创业大赛中获奖项目"人工智能视觉算法解决方案——太古计算"已完成数百万元天使轮融资,投资方为金证股份(上市公司,股票代码 600446)旗下金证引擎投资。获奖项目"高能效工业边缘 AI 芯片及应用"所在的湃方科技已成长为完成了数千万元天使轮和 A 轮融资的高科技企业。

(三)贯彻产学研协同育人模式

北京航空航天大学软件学院在资源共享、优势互补的理念下与企业和学研机构共同培养非全日制研究生。所有非全日制研究生均属于定向培养模式,必须与定向就业单位签订培养协议。[②] 联合培养单位涵盖北京航空航天大学青岛研究院、北京航空航天大学杭州创新研究院、华为杭州研

---

① 巅峰对决圆满落幕 2019 北航全球创新创业大赛鸣金收兵[EB/OL].(2019-12-22)[2024-01-24]. https://mp.weixin.qq.com/s/y1mhir3lUoTqVKyu2QJAsg.

② 北京航空航天大学软件学院[EB/OL].[2023-03-15]. http://yzb.buaa.edu.cn/info/1003/2432.htm.

究院、歌尔集团有限公司、北京翼辉信息技术有限公司、麒麟软件有限公司等不同行业多家龙头企业和学研机构。[①] 双方在以下三个方面实现深入合作育人。

第一,以长期实习实践为切入点培育非全日制研究生面向产业的系统工程实践能力。北京航空航天大学软件学院和联合培养单位在“AI+软件工程”非全日制研究生人才培养上开设了长期工程实践课程。在入学后第二学年,非全日制学生需要赴联合培养单位在企业岗位上进行长期实习与实践。例如,歌尔集团有限公司的相关研发部门或行业应用解决方案部门的产品研发、技术开发与研究、行业分析与市场研究、软件编程、建模绘制、VR内容\应用策划、内容开发等实习岗位可供非全日制学生选择与参与。[②] 考虑到非全日制研究生本身具有储存职业知识的需要,相比校内实践课程或者寒暑假短期实习,这种长期实习实践方式能够使学生有更加完整、真实的项目参与经历,可以深入培养非全日制研究生面向产业的系统工程实践能力,提高非全日制研究生培养模式的针对性。

第二,设置面向产业的进阶性课程,深入培养学生解决复杂工程问题的能力。联合培养单位会根据岗位的实际需要,由具备实战经验的企业师资力量为非全日制研究生开设一系列更具有挑战性的进阶性课程,这可以与校内课程所传输的知识相互补充。例如,华为杭州研究院会为学生开设TBE算子开发和应用开发在内的CANN系列课程[③],通过校企协同育人培养非全日制研究生解决复杂工程问题的能力。

第三,保障非全日制研究生生活与未来就业,为学生长期学习保驾护航。相较于全日制研究生,非全日制个人背景往往具有多元性,会承受更

---

① 北京航空航天大学软件学院[EB/OL].[2023-03-25]. http://soft.buaa.edu.cn/e2plan/zbha.htm.

② 北京航空航天大学软件学院2019级非全日制软件工程专业硕士研究生招生说明[EB/OL].[2023-03-15]. http://qdyjy.buaa.edu.cn/info/1135/2146.htm.

③ 北京航空航天大学软件学院[EB/OL].[2023-03-15]. http://soft.buaa.edu.cn/e2plan/hwhzyjy.htm.

多来自经济上的压力。联合培养单位在发放生活补贴/助学金以外，还会根据实习市场和效果为长期实习的学生发放实习工资，并设立一系列助学金，保障非全日制学生求学期间的基本物质生活需要。除此之外，部分联合培养单位也会为长期实习的学生提供签订正式劳动合同的机会，为其未来就业提供保障。例如，歌尔集团有限公司会为联合培养的非全日制研究生代为支付学费，当非全日制研究生在毕业时入职歌尔集团有限公司后，可以通过每月0利率按期还款的方式缴纳学费。[①] 这一系列物质保障可以充分调动非全日制研究生学习的积极性与热情。

三、案例小结

北京航空航天大学软件学院开设了全国首批软件工程专业人工智能方向，针对非全日制研究生这一群体形成了独具特色的人才培养模式，最终取得了卓越的“AI＋软件工程”人才培养成效。总体来看，北京航空航天大学软件学院贯彻新工科的培养理念，针对非全日制研究生建立起三个课堂联动培养的培养模式。在第一课堂建设上，北京航空航天大学软件学院设置具有交叉和融合特性的课程模块，设置基础理论＋应用场景的纵向贯通课程体系，将通识教育和专业实践教育有机融合，这有助于培养学生高尚道德情操、核心知识素养和实践能力。在第二课堂建设上，北京航空航天大学软件学院秉承学生自愿参与的原则，积极动员学生参与专业竞赛和创新竞赛。竞赛活动是各高校大学生创新能力培养的重要途径，是第一课堂的重要补充。[②] 在第三课堂建设上，北京航空航天大学软件学院贯彻产学研协同育人模式，通过长期校外实践和学习来深化学生已有知识素养，有助于培育非全日制研究生面向产业的系统工程实践能力和解决复杂

---

① 北京航空航天大学软件学院2019级非全日制软件工程专业硕士研究生招生说明[EB/OL].[2023-03-15]. http://qdyjy.buaa.edu.cn/info/1135/2146.htm.

② 王进，赵春鱼，朱琦，等.高校机器人竞赛指数设计、建模与分析[J].高等工程教育研究，2022(5):157-163.

工程问题的能力。

北京航空航天大学软件学院“AI+软件工程”的非全日制人才培养方式可以为其他高校建设具有针对性的非全日制人才培养模式提供新思路。第一，将思想政治建设融入非全日制研究生人才培养的主线。部分学校如今仍然在非全日制研究生的思想政治教育上有所忽视，也出现了非全日制研究生插班进入全日制研究生思想政治课堂进行学习的情况。北京航空航天大学软件学院则为非全日制研究生单独开设了思想政治课，具有相似属性的学生在同一课堂学习可以激发学习热情，更有利于达成思政育人的培养目标。第二，针对非全日制学生面向产业的需求进行因材施教。相较于全日制研究生更具有多样化的未来发展需求，非全日制研究生的发展需求往往更面向产业[①]，但部分学校非全日制培养模式仅仅依托于全日制研究生培养模式而设立，无法兼顾学生职业发展需要。北京航空航天大学软件学院充分考虑到非全日制研究生的未来发展诉求，设置了大量具有专业应用场景的课程和综合实践课程，并积极与企业和学研机构展开合作协同育人，为非全日制研究生长期实习实践和未来发展就业提供了切实保障。

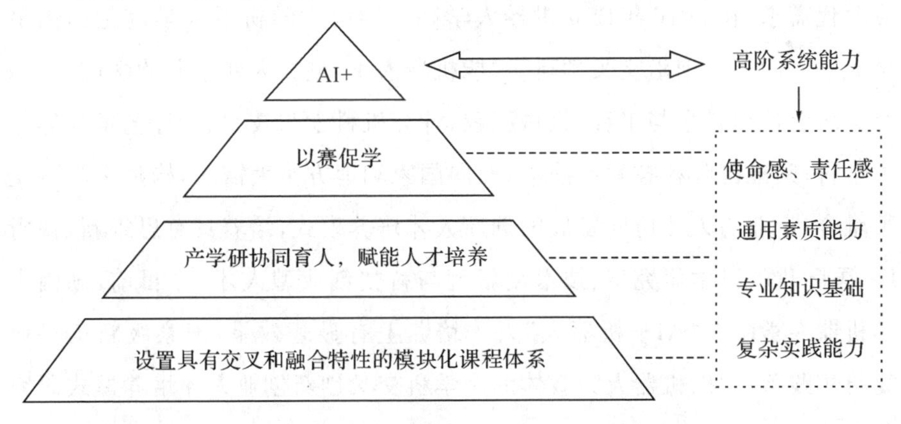

图 4.2 北京航空航天大学软件学院“AI+软件工程”人才培养模式

① 赵岑，任怀艺. 非全日制研究生思想政治教育的现状与对策研究——基于清华大学非全日制研究生临时党支部的思考[J]. 研究生教育研究，2020(3)：14-18.

上述措施与非全日制研究生未来职业发展路径相符，这充分调动了非全日制研究生参与课程学习和实习实践的积极性，有助于实现高级复合型软件人才的培养目标。

4.3 湖南大学“AI＋”机器人本科人才培养案例

一、案例选取

（一）案例背景

机器人作为人工智能领域新兴产业，是人工智能在制造业的主要应用。其可以通过使用计算机视觉和深度学习等技术实现对客观事物的图像识别、实时控制和预测，并为工业应用提供解决方案。在我国经济结构转型升级的背景下，为满足中国“智”造转型发展过程中对人才的迫切需要，实现我国智能机器人人才培养的跨越式发展，湖南大学机器人学院响应时代需求，在2016年成立机器人学院。湖南大学机器人学院是国内最早成立专门从事前沿交叉学科“智能机器人＋”创新人才培养的学院之一，交叉融合控制科学与工程、机械工程、计算机科学与技术、设计艺术学等相关学科，瞄准国际科技发展前沿，面向国家和地方重大需求，构建多学科交叉融合、产业与人才协同发展的创新人才培养模式，培养具有思维新、视野广、国际化的科学研究型、技术创新型与科技创业型人才。[①] 目前，湖南大学机器人学院在“AI＋机器人”人才培养上有显著效果，国家级新工科研究与实践项目“以机器人为载体的多学科交叉创新创业人才培养模式研究与实践”作为优秀项目结项。因此，选取湖南大学AI＋机器人人才培养案

① 本篇案例资料收集时间为2022年9月—2022年12月，案例报告撰写时间为2023年3月。学院简介[EB/OL].（2023-10-30）[2024-01-21]. http://robotics.hnu.edu.cn/info/1010/1357.htm.

例,分析其多主体创新人才培养模式,总结人工智能赋能机器人人才培养的先进经验,可为新时代AI+人才培养提供建议。

(二)案例简介

湖南大学机器人学院师资力量雄厚,现有专兼职教师33人,其中校内教师26人、外聘兼职教授7人,拥有一支包括院士、国家863智能机器人主题专家、国家百千万人才、教育部新世纪优秀人才等在内的杰出师资队伍。学院成立以来,先后与国内外100余所著名大学、科研机构和企业在人才培养、科学研究、学科建设等方面开展了广泛的交流与合作。学院开设机器人工程专业,现有机器人视觉感知与控制技术国家工程实验室、视觉感知与人工智能湖南省重点实验室和电子制造业智能机器人技术湖南省重点实验室等研究平台,与多家企业共建实习基地,设有机器人关键基础、工业机器人、服务机器人和特种作业机器人等教学实验室,重点培养智能机器人、智能制造、智能信息处理等领域的人才。

二、案例特色

(一)推进课程改革,深化个性化培养模式

湖南大学在AI+机器人人才培养中实施多学科融合式教学,压缩课程数量,加大现有课程的教学质量与深度。相比于其他工科专业,总学分减少12学分,其中理论授课减少了19学分,实践课程学分增加了7学分。课程门数减少了15门课,其中理论授课减少了12门,实践课程减少了2门(见表4.6)。[①]

① 2020版机器人工程专业培养方案[EB/OL].(2020-09-22)[2024-01-21]. http://robotics.hnu.edu.cn/info/1017/1551.htm.

表 4.6 湖南大学机器人方向专业课程模块

通识教育	学门核心	学类核心	专业核心	个性培养	实践环节
习近平新时代中国特色社会主义思想概论 4门思想政治课 形势与政策 中国近现代史纲要 马克思主义基本原理 思想政治实践 大学英语 计算与人工智能概论 体育	高等数学A(上) 高等数学A(下) 机器人工程数学(上) 机器人工程数学(下) 机器人基础物理(上) 机器人基础物理(下)	电路电子学 数字电路与系统设计 计算机组成原理与嵌入式系统 控制原理与控制系统 信号处理原理与系统 工程制图	机器人基础 机器人原理与机构设计 机器人感知与学习 机器人驱动与控制 智能机器人系统	人工智能导论 机器视觉与人机交互 神经网络与深度学习 机器人与大数据技术 机器人运动控制 运动导航与路径规划 机器人通信技术 机器人仿真技术 机器人力学分析 灵巧作业机构设计 软体机器人设计 机器人测试技术 机器人认知计算 云机器人控制技术 机器人新材料 机器人专业英语	军事理论与军事技能 创新创业 机电技术综合实训 机器人基础实践 机器人工程基础实践 机器人工程中级实践 机器人工程高级实践 机器人工程专业综合设计 毕业设计一 毕业设计二
42学分	22学分	23学分	18学分	13学分	42学分

第一，跨院系联合改革公共课程。通过联合共建和优质课程引入的方式推进公共基础课程改革。例如在机器人工程数学、机器人工程物理等核心课程中，湖南大学机器人学院与数学院、物理学院、机械学院等院系联合，讲授与机器人相关的概率论、矩阵论和离散数学的数学知识，和与机器人相关的电磁学、力学和运动学的相关课程，为学生打下坚实的数理基础。除此之外，学院还与湖南大学信息科学与技术学院合作引入优质课程。在计算与人工智能概论、计算机原理与嵌入式系统上以案例驱动方式实现从应用到原理的贯通式教学。这为 AI＋机器人的人才培养打下了坚实的

基础。

第二,以机器人设计为主线,推动知识与能力迭代升级。机器人设计是机器人技术的核心,往往需要囊括深度学习、算法编程等多种人工智能技术。湖南大学机器人学院以机器人设计为课程主线,在四个学年分别聚焦电路与逻辑的机器人创意设计、结构与计算的机器人产品设计、感知、控制与智能交互的机器人设计和面向社会与产业的机器人设计。在贯彻机器人设计为主线的课程改革中,这能够提高AI+机器人的人才培养过程的明确性与针对性。

(二)课程和竞赛交织实现贯通迭代式实践教学

机器人是人工智能的最佳表现载体。学院在AI+机器人人才培养中坚持学科前沿性和工程导向性,利用递进式实践教学培育学生的自主学习和科技创新等综合能力与素养。具体来看,湖南大学机器人学院在不同学年分别为学生设置了递进式的实践教学环节,实现由基础到专业、从简单到复杂和从教学到产业的多方面能力提升。[①] 接下来,本章将按照时间演进分析湖南大学在AI+机器人实践教学过程中的鲜明特色。

“机器人入门设计”是第三学期的主要实践环节,该环节以机器人为载体,实现电工电子与工程实践相结合,主要目标在于让学生了解组成机器人的基本的硬件模块、学会程序编写等机器人入门基础知识,基本形式为以组为单位,参加校内教学机器人比赛。具体来看,该环节由硬件模块和软件程序组成。在硬件模块上,通过电子电路来完成多硬件模块组建系统,以便于了解机器人应用到的硬件模块构成及其功能。在软件程序上,学院开设“机器人辅助C程序设计”,以单片机为载体,开展入门程序设计,使学生真正掌握程序设计方法并用于工程实践。在成果评价上,评价标准则根据任务完成度、创新创意、比赛成绩等评价,可以择优推荐参加全

① 本科实践培养环节计划[EB/OL].(2018-03-30)[2024-01-21].http://robotics.hnu.edu.cn/info/1017/1070.htm.

国性的教育机器人比赛。

“机器人大赛”是第四学期的主要实践环节，该环节的基本形式仍是以组为单位，参加校内教学机器人比赛。相比于上一环节，该环节对机器人设计与制作明显有着更高的要求。具体来看，该环节需要学生掌握单片机模块升级、电机驱动、传感检测、信息融合等机器人硬件知识，和基本的控制算法、信息处理算法、软硬件协同、机电协同控制在内的软件知识，并形成如机械手、搬运码垛机器人、无人驾驶小车等机器人载体。评价标准与上一环节较为相似，可以择优推荐参加全国性的教育机器人比赛、智能车比赛等。

“机器人高级竞赛”是第五、六学期的主要实践环节，该阶段对交叉能力要求更高，主要目标在于让学生深入了解机器人产品原形研发的流程，需要融合机器人机构、材料、核心控制算法、视觉与感知、通信等多学科知识，并形成工业机器人、3D打印、无人机、无人车、服务机器人、特种机器人等高阶形式的机器人载体。评价标准也更加多元化，涉及功能、性能、性价比、外观与结构、安全与环境等多方面，并逐渐开始以参加竞赛取得的成绩等成果为评价导向。

“毕业设计”是第七、八学期的主要实践环节。湖南大学机器人学院的毕业设计不仅仅拘泥于论文形式。学生们可以依托创新创业项目，通过创新创业为导向的产品开发来完成毕业设计。该环节更强调面向社会与产业的产品设计，在多学科交叉融合过程中开发具有商业化价值的机器人产品。

（三）建设实验平台，赋能AI＋机器人人才培养

湖南大学机器人学院建设多个教学实验平台赋能AI＋机器人人才培养。具体来看，学院建设智能移动机器人教学实验室、机器视觉教学实验室在内的两个基础型实验室，并建设工业机器臂控制仿真教学专业型实验室和工业机器人示范线教学课研实验室。这些实验平台的教学、实践和科

研属性在人才培养中发挥着至关重要的作用。

智能移动机器人教学实验室结合电机控制、嵌入式系统、传感器技术等课程完成实践教学，该实验平台可以使学生熟悉移动机器人控制原理，掌握机器人操作系统，并能为优秀、有兴趣的学生提供关于移动机器人二次开发创新指导。机器视觉教学实验室结合数字信号处理、数字图像分析等课程完成实践教学，可以使学生熟悉图像处理基本原理，掌握机器视觉应用方法。工业机器臂控制仿真教学实验室是专业型实验室，结合了数字电路、自动控制原理、机器人学导论等课程完成实践教学，使学生学习工业机器手离线编程和虚拟仿真方法。工业机器人示范线教学课研实验室以完整的工业应用示范线，向学生提供全面工业现场学习实践和基础研究平台，能够针对优秀、有兴趣的学生提供多种组合的创新实验指导和应用。

三、案例小结

湖南大学机器人学院瞄准国际科技发展前沿，面向国家和地方重大需求，构建多学科交叉融合、产业与人才协同发展的创新人才培养模式（见图 4.3）。总体来看，湖南大学机器人学院贯彻新工科的培养理念，通过课程改革、实践教学等环节建立起以实践为导向的多主体联动培养的教学体系。在课程改革上，湖南大学机器人学院通过打造以机器人设计为主线的小而精的课程体系，提高了 AI 赋能机器人人才培养的针对性。在实践能力培养上，湖南大学机器人学院将建设课程和竞赛交织实现贯通迭代式实践教学环节，鼓励学生根据个人兴趣进行个性化探索，通过迭代式的实践环节启发学生的创新思维。

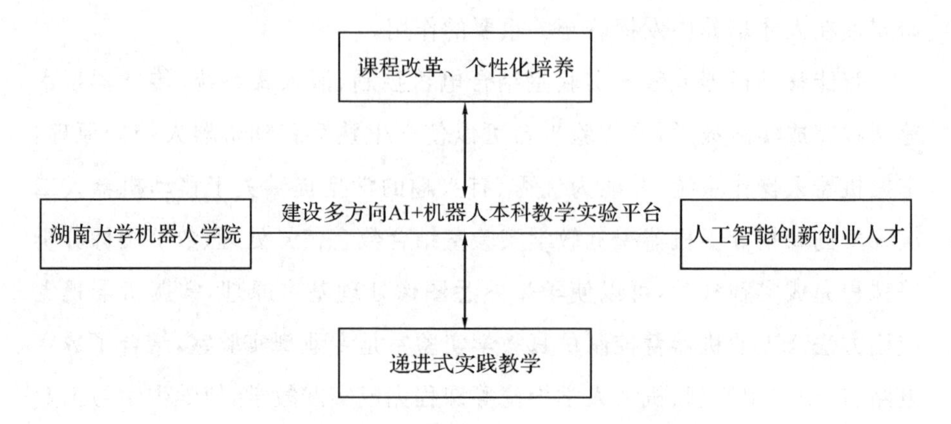

图 4.3　湖南大学“AI＋机器人”人才培养模式

4.4　上海大学“AI＋”海洋人工智能人才培养案例

一、案例选择

(一)案例背景

21世纪以来,随着云计算、大数据、人工智能等新一轮信息技术在各领域的深入应用,智慧海洋成为实施海洋强国战略的又一角逐“高地”。[①] 2022年4月,习近平总书记在海南考察时提出“要推动海洋科技实现高水平自立自强,加强原创性、引领性科技攻关,把装备制造牢牢抓在自己手里”。[②] 实施海洋强国战略,建设智慧海洋,海洋科技的研发与应用是关键一步,人工智能技术的发展为其带来了新的力量。

---

① 本篇案例资料收集时间为2022年9月—2022年12月,案例报告撰写时间为2023年3月。李佳佳,刘峰,马维良.国内外海洋无人系统智能装备产业发展现状[J].船舶工程,2020,42(2):25-31.

② 新疆自然资源.习近平:向海洋进军,加快建设海洋强国[EB/OL].(2022-06-08)[2024-01-21].http://zrzyt.xinjiang.gov.cn/xjgtzy/ttxw/202206/c88ab11fcf424a8180510a93af997b21.shtml.

上海大学在人工智能领域有着深厚的发展基础，在高性能集群系统、海洋无人艇、智能无人系统、智能部组件、智能感知等海洋科技方面有多年的研究积累并取得了数个国家奖。上海大学 1959 年设立自动化及计算技术专业；1985 年设立机械自动化及机器人专业；1988 年成立计算机科学与工程学院。为了进一步应对海洋发展的新的现实需求以及回应技术发展带来的机遇和挑战，上海大学依托在人工智能方向的学科积累和海洋科技的研究基础，在 2020 年成立了人工智能研究院，结合认知海洋与人工智能，突破海洋智能科技难题。

（二）案例简介

本案例聚焦“AI＋”海洋人才培养，对上海大学人工智能研究院电子信息智能系统方向专业硕士人才培养模式进行分析。上海大学人工智能研究院围绕智能前沿方向与智慧海洋研究特色，在电子信息学科下设置智能系统专业，包括智能信息系统、智能系统软件、智能数据分析等专业方向，培养具有宽广基础理论和领域交叉专业知识，具有独立从事科学研究能力，善于进行交叉学科创新的智能系统研发技术人才。①

上海大学智能系统方向专业硕士人才培养依托于人工智能研究院。研究院聚焦海洋，以“智赋海洋，能创无限”为使命，这一特色使得其着重以海洋应用为场景进行人才培养。研究院作为学校的二级机构存在，独立于各学科院系之外，汇聚人工智能、计算机、控制、通信、机械、力学等多学科资源，更利于培养学生复合交叉能力。同时研究院积极与高校、科研院所、龙头企业等单位深度合作，关注于人才的实践能力培养。上海大学智能系统方向人才培养着重体现了强调交叉、关注场景两个关注点，这也是人工智能技术在进行赋能应用时的主要特点，值得对其具体举措进行探索，总结实践经验，探索“AI＋”人才培养模式。

① 上海大学人工智能研究院．2022 年全日制专业学位硕士研究生招生简章[EB/OL]．(2021-09-11)[2024-01-21]．https://ai.shu.edu.cn/info/1087/1256.htm.

二、案例特色

(一)应用场景牵引人工智能人才培养

场景应用对人工智能技术发展、升级起着重要作用,同时也在人工智能人才培养中发挥重要优势。上海大学人工智能研究院以海洋应用场景为牵引,面向海洋智能无人系统进行智能复合人才培养。

智能系统方向专业硕士人才培养在课程教学和实习实践上以海洋智能无人系统作为应用场景,展开理论与实践教学。课程上设置智能系统群体协同控制理论、海洋智能无人探测技术基础、无人系统智能故障诊断技术等与产业合作教学课程,关注与海洋智能无人系统密切相关的理论知识、基础技术。将企业内的实践经验带入课堂中,为学生带来产业中的真实案例、真实场景,使学生更深刻地体会特定应用场景下理论知识和技术的运用。在实习实践上,校内以无人艇智能无人系统研发为主要场景,具体培养学生在海洋智能无人系统方面的实践能力,鼓励学生全流程深度参与相关研发项目。

(二)学科交叉培养复合型智能人才

海洋人工智能人才培养需要关注学科交叉,上海大学人工智能研究院智能系统方向专业硕士培养注重学科交叉以培养复合应用型人才,通过师资设置与课程安排使学生既能学习人工智能基础理论知识,也能学习领域交叉专业知识。

在师资设置方面,以上海大学人工智能研究院为依托汇聚人工智能、计算机、控制、通信、机械、力学等学科的优秀教师,以智慧海洋建设、智能无人系统研发等为主要场景配置师资力量。智能系统方向专业硕士培养配置的教师来自不同学科背景,具有多元化的研究方向,教师的研究方向主要有人工智能方向、信息处理技术方向、力学方向、无人艇部组件方向等(见表 4.7)。

表 4.7 电子信息—智能系统方向专业硕士部分教师基本情况

姓名	职称	研究方向
李小毛	教授	从事无人艇总体及其信息处理关键技术研究
刘炜	副教授	自然语言处理与语义计算、知识表示与推理、语义网与知识图谱、无人艇智能决策等
马丽艳	副教授	开放环境视觉感知、小样本学习、低功耗视觉算法以及医学图像分析
彭艳	教授	海洋无人艇、海洋环境动能自孚能技术与部组件
谢少荣	教授	主持国家自然科学基金重大项目“复杂海况典型无人艇集群应用验证平台研究”、国家重点研发计划智能机器人重点专项课题、国防科技创新特区项目等
岳晓冬	副教授	研究方向为机器学习、软计算与图像分析
张丹	副教授	从事计算流体力学、流固耦合数值模拟方面的研究工作

资料来源：上海大学人工智能研究院. 师资队伍[EB/OL]. (2021-09-11)[2024-01-21]. https://ai.shu.edu.cn/szdw/js.htm.

在课程设置层面，结合人工智能和智能系统方向的共性基础理论课程和专业方向理论课程培养复合应用人才。在专业基础课和专业选修课程中，课程设置内容多元、交叉融合，包括了人工智能为主的机器学习基础、算法设计与分析、计算机视觉、自然语言处理前沿技术等课程，以及与系统研发与制造高度相关的现代数字信号处理技术、多传感器智能信息融合、海洋智能无人探测技术基础、无人系统智能故障诊断技术等课程，同时还包括了培养人才在未来工作中正确行为规范和道德素养的工程伦理课程。

表 4.7 电子信息—智能系统方向专业硕士部分课程安排

类别	课程名称
专业基础课	机器学习基础
	智能无人系统建模与控制
	优化理论基础
	工程伦理

续表

类别	课程名称
专业选修课	人工智能导论
	算法设计与分析
	计算机视觉
	自然语言处理前沿技术
	现代数字信号处理技术
	多传感器智能信息融合
	智能系统群体协同控制理论
	海洋智能无人探测技术基础
	无人系统智能故障诊断技术

（三）产学研合作提升学生实践能力

上海大学智能系统方向人才培养除了理论知识的讲授，还注重实践能力方面的培养。在人才培养的第二阶段中，以工程实践能力培养为主。作为专业硕士，在研究生第二学年，学生会进入企业、科研项目组等进行实习、实践训练，通过包括科研实践和工程实践在内的高水平工程项目，切实提升学生实践能力，使学生既能够进行基础理论研究也能完成关键技术研发。

上海大学人工智能研究院以校内的优势研究项目无人艇为主要平台，支持学生进行项目实践。上海大学在 2009 年研制“精海”海洋无人艇，2014 年成立国内首个无人艇专门研究机构，并承担了多个无人艇相关的重大基金项目、研发计划，无人艇研发是上海大学的优势之一。智能系统方向专业硕士有机会进入上海大学无人艇研发项目，将知识应用于实践，在实践中加强学习。上海大学人工智能研究院也与同济大学、西北工业大学和中国船舶工业系统研究院、中国船舶重工集团第 701 所等高校、研究院所在智能无人系统方面展开了深度合作，学生可以参与其科研项目。上海大学人工智能研究院还联合龙头企业，产教融合共同培养人工智能人才。研究院与启迪控股有限公司共建“智能无人装备及系统产业基地”，与银联商务股份有限公司共建“智能信息处理实验室”，研究生在第二、第三学年进入企业进行联合培养，提前了解企业的需求，提升实践能力，为未来的高端就业提供机会和渠道。

三、案例小结

上海大学智能系统方向专业硕士人才培养依托于上海大学人工智能研究院。人才培养的第一阶段以理论学习为主，在课程设置和师资配置上以海洋智能无人系统为应用场景牵引人才培养，多学科交叉的配置助力人才培养，注重人工智能人才基础知识、复合交叉知识的学习。人才培养的第二阶段注重产学研合作培养学生实践能力，以海洋智能无人系统作为重要场景，通过与校内无人艇工程研究院合作，与校外科研机构、龙头企业合作，使学生可以进入高水平科研项目团队中进行学习与实习实践，提升其实践能力。最终培养具备宽广基础知识、复合交叉知识，既能进行基础理论研究又能进行关键技术的研发的海洋智能无人系统领域领军人才（见图 4.4）。

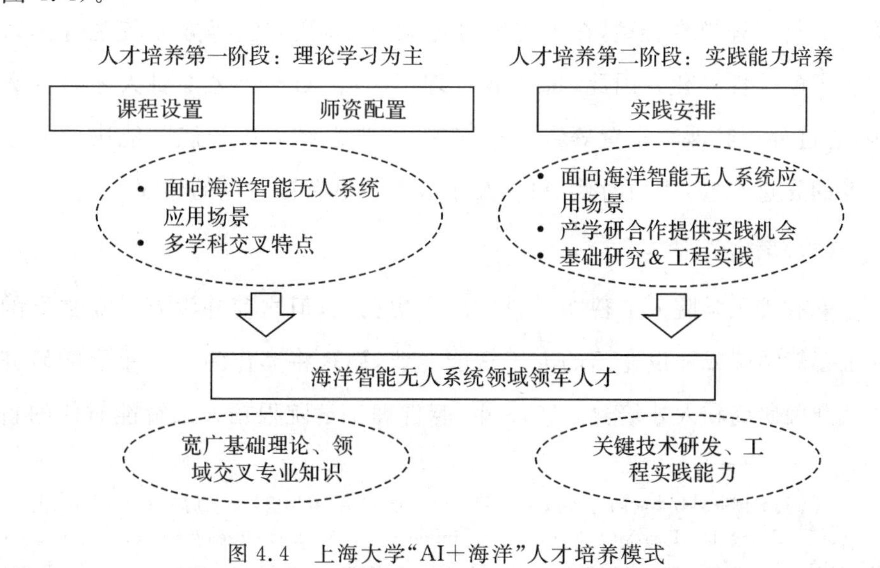

图 4.4 上海大学“AI+海洋”人才培养模式

4.5 麻省理工学院"AI+"决策本科人才培养案例

一、案例选取

(一)案例背景

人工智能是推动科技跨越发展、产业优化升级、生产力整体跃升的驱动力量,并越来越多地应用于制造业、金融、教育、医疗、物流等领域。2016年美国发布《为人工智能的未来做准备》和《国家人工智能研究与发展战略计划》[①],率先提出人工智能基础与应用研发的投资可服务于医疗保健、交通、环境、刑事司法和经济融合等领域。决策是人工智能模仿人类的重要功能,也是人工智能应用的通用场景。在该政策的引领下,麻省理工学院(MIT)积极开发人工智能相关应用场景,设置AI+决策类本科专业。在人才培养过程中,麻省理工学院在2016年启动校史上第三次工程教育改革——新工程教育转型,在工程教育理念、内容及方法等方面较现有体系产生了颠覆性变化。因此,选取麻省理工学院AI+决策本科人才培养案例,通过分析其课程设置等人才培养模式,来总结人工智能赋能决策人才培养的先进经验,为新时代AI+人才培养提供有针对性的建议。

(二)案例简介

麻省理工学院人工智能学科发展历史已久,但之前并没有成立独立的人工智能学院或开设专门的人工智能专业,而是将其作为一个重要的研究领域开展研究和人才培养。2018年,麻省理工学院根据人工智能时代的新

---

① 本篇案例资料收集时间为2022年9月—2022年12月,案例报告撰写时间为2023年3月。

Liu J, Chang H, Forrest J Y L, et al. Influence of Artificial Intelligence on technological innovation: Evidence from the panel data of china's manufacturing sectors [J]. Technological Forecasting and Social Change, 2020, 158: 120142.

要求，成立苏世民计算学院。目前，麻省理工学院人工智能人才培养项目主要包括两类，第一类为涵盖本、硕、博的人工智能学位教育，由苏世民计算学院负责，第二类为面向社会人士的机器学习与人工智能认证(非学历教育)。

二、案例特色

(一)调整组织结构，优化传统学科系统布局

考虑到人工智能时代对人才培养的新要求，麻省理工学院秉承“重塑自身以塑造未来”的发展理念，于 2018 年宣布投资 10 亿美元成立“苏世民计算学院”。[①] 这是目前为止美国学术机构在计算和人工智能领域的最大投资，突破了传统高等教育中“学科分立、院系组织并列”的学科系统结构，并开设了 AI+决策等交叉本科专业。[②] 下面将从使命愿景、专业设置和师资队伍建设三方面展现苏世民计算学院的发展情况。

在使命上，为应对计算时代下“硬件到软件到算法再到人工智能”这一转变所带来的机遇和挑战，苏世民计算学院致力于解决三方面的问题：第一，计算机科学和人工智能的快速发展和增长；第二，助推计算机与其他学科的合作；第三，将技术和来自社会科学和人文科学的思想结合，联合社会各界共同关注计算的伦理责任。在解决问题中，苏世民计算学院可将麻省理工学院的计算项目引领至更高的水平。

在专业设置上，苏世民计算学院以麻省理工学院工程学院的电气工程与计算科学系为依托，联合科学学院的生物学系和大脑与认知科学系，人文、艺术与社会科学学院的经济学系，以及建筑与规划学院的城市研究与规划系，开设了以人工智能与决策为核心的四个本科专业，并开设了一系

---

① MIT News Office. With the initial organizational structure in place, the MIT Schwarzman College of Computing moves forward with implementation[EB/OL]. (2020-02-04)[2024-01-21]. https://computing.mit.edu/news/a-college-for-the-computing-age/.

② 刘继安，徐艳茹，孙迟瑶. 新工科背景下“计算机+”学科交叉专业构建理念与路径——MIT苏世民计算学院的启示[J]. 高等工程教育研究，2022(4)：19-24+37.

列交叉学科专业，突破了传统高等教育中“学科分立、院系组织并列”的学科系统结构。苏世民计算学院的独特结构既贯穿麻省理工学院，又是计算机科学和人工智能教育和研究的集中地，能够更有效和创造性地将人工智能和计算机科学与每个学科联系起来。

在师资队伍建设上，苏世民计算学院采用“吸收—孵化”的人才培养方式，以电气工程与计算科学系为依托，重组或吸收与计算科学相关的核心人才，并衍生出了运营研究中心、研究所和实验室等组织形式。苏世民计算学院提供了丰厚的条件吸纳人工智能的学术人才。具体来看，学院目前设置 50 个新增教职招聘计算机科学和人工智能决策领域的核心教师，与麻省理工学院哲学、大脑和认知科学系以及跨学科机构合作的教师，其中 25 个将是计算机科学、人工智能和相关领域的核心计算职位，25 个与院系共享。

（二）设置横向交叉、纵向贯通的课程体系

AI＋决策专业以综合系统的开发分析技术为教学核心目标。这些系统通过感知、通信等形式与外部世界互动，并在不断变化的环境中自我更新与升级。该专业整合了囊括电气工程、计算机科学、统计学、运筹学以及大脑和认知科学等不同部门开设的课程（见表 4.8）。[①]

表 4.8　麻省理工学院 AI＋决策专业课程

技能模块	基础模块	中心模块	专业模块	选修模块
计算机科学和编程导论 编程基础 算法简介 Python 应用	线性代数 最优化方法 电子工程与计算机科学专题 概率论 推理论 统计学	数据课程组 模型课程组 决策课程组 计算课程组 人文课程组	计算机集成制造系统课程组	学院公共课程 沟通课程 进阶数学课

① 麻省理工学院官网[EB/OL]. [2024-01-21]. https://eecsis. mit. edu/new _ degree _ requirements. html#6-14.

第一,苏世民计算学院提供了丰富的横向课程选择空间,不同课程模块的交叉有利于拓宽学生的知识面。学院在技能模块设置了四个必选课程,该课程模块可以为学生传授计算机科学和编程的基础知识。数学是基础模块的核心内容,学生可以在线性代数、最优化方法和电子工程与计算机科学专题中选择一门课程,并在概率论、推理论和统计学中选择一门课程。该课程模块主要讲授逻辑符号、集合、关系、初等图论等针对计算机科学的数学工具和证明技术。中心模块由五个课程组组成,学生需要在课程组中至少选择一门课程进修。例如,数据课程组包括以下课程:统计数据分析、机器学习、机器学习建模。在专业课程模块,学生可以从计算机集成制造系统中应用部分和理论部分分别选择一门课程进行修读。应用部分课程包括机器人学、机器人操作、计算机视觉和自然语言处理等课程。选修模块选择较为灵活,注重学生的通用能力的培养,学生可结合个人兴趣在学院开设的公共课程、沟通课程和进阶数学课程中选择一门。

第二,苏世民计算学院的大部分课程都包括先修或者同修课程,前者指需要先修哪门课程,后者指必须同时修哪门课程。这种纵向贯通的课程体系能够夯实学生基础,依据学生的现有水平进行有针对性的培养。例如,中心模块的决策课程组包括三门课程,分别为动力系统建模和控制设计、人工智能中的推断与推理和优化方法。动力系统建模和控制设计的先修课程为线性代数,这是因为系统建模需要矩阵算法及应用的数学基础。人工智能中的推断与推理的先修课程包括算法基础、编程基础和概率论等课程。

(三)建设4+1学制,提供个性化学习与发展机会

AI+决策专业允许学生在五年内获得学士和硕士学位,学生们可以同时或分别获得学士和硕士学位。在4+1学制中,学生通过选修研究生科目,完成专业观点要求,并完成论文,更深入地研究他们的领域。论文可以通过SuperUROP计划在校园内的研究实验室完成,也可以通过6-A计

划与行业伙伴一起完成。

SuperUROP 计划是为麻省理工学院的大三学生和大四学生设计的。在此计划中学生们可以与导师密切合作，寻求高级研究经验，并产生论文等有价值的成果。自 2017 年以来，这个为期一年的项目也向工程学院和人文、艺术和社会科学学院（SHASS）的学生开放。6-A 计划是麻省理工学院和世界上一些最具创新性的公司之间的合作。该计划允许学生在完成工程硕士论文的同时从事一个实习项目，可为学生提供精心指导的实习来作为对课堂教育的补充。所选取的公司都是与苏世民计算学院有长期关系的前沿成员公司，在解决公司实际问题中提高学生专业知识和可迁移能力。

三、案例小结

麻省理工学院融合计算机科学与技术、认知科学等相关学科，瞄准国际科技发展前沿，面向人工智能时代的重大现实需求，构建多学科交叉融合、产业与人才协同发展的 AI＋人才培养模式（见图 4.5）。总体来看，麻省理工学院围绕人工智能发展、跨学科合作和计算伦理三个主题，通过组织结构调整、课程建设等环节建立起以学生兴趣与发展阶段为导向的多主体联动培养的教学体系。在组织结构上，麻省理工学院对现有院系进行了重大调整，建设苏世民计算学院，打破了原有传统高等教育中“学科分立、院系组织并列”的学科系统结构。在课程设置上，麻省理工学院建设了横向交叉和纵向贯通的课程体系赋能 AI＋决策人才培养，提高了培养过程中的针对性与广泛性。在学制上，麻省理工学院创新性地设置了本硕贯通的人才培养体系，为学生提供了科研与实践等多种类型发展机会，鼓励学生根据个人兴趣进行个性化探索，通过打造多主体的联动培养体系，启发学生的创新思维与实践思维。

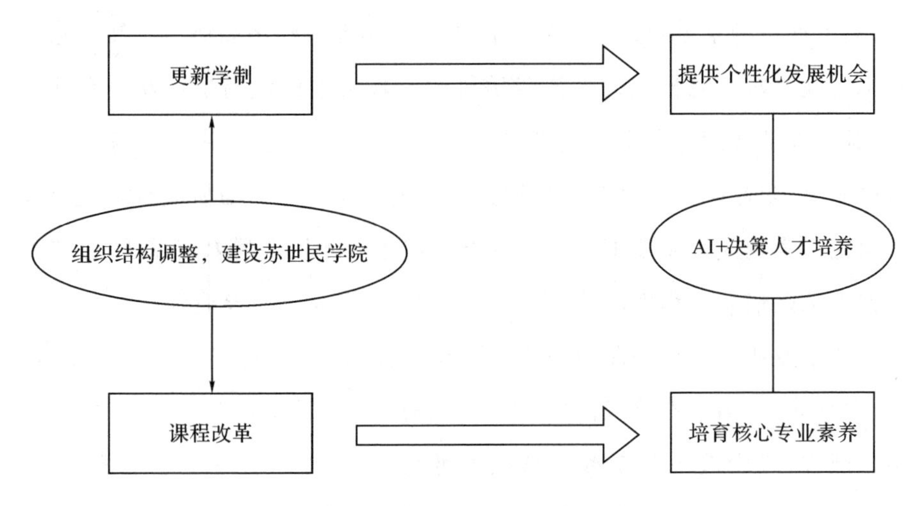

图 4.5 麻省理工学院“AI+决策”人才培养模式

4.6 金华职业技术学院人工智能技术应用人才培养案例

一、案例选取

1.1 案例背景

职业院校在培养应用型人工智能技术人才中发挥着重要作用,国家高度重视职业院校在人工智能应用型人才培养上的主体地位。例如,2017年,国务院发布《关于印发新一代人工智能发展规划的通知》,支持职业学校开展人工智能技能培训,大幅提升就业人员专业技能,满足我国人工智能发展带来的高技能高质量就业岗位需要。[①] 2022年科技部等六部门发

① 本篇案例资料收集时间为2023年3月—2023年6月,案例报告撰写时间为2023年9月。
国务院关于印发新一代人工智能发展规划的通知[EB/OL].(2017-07-08)[2024-01-21]. https://www.gov.cn/gongbao/content/2017/content_5216427.htm.

布《关于加快场景创新以人工智能高水平应用促进经济高质量发展的指导意见》，鼓励职业院校在人工智能学科专业教学中设置场景创新类专业课程，激发人工智能专业学生场景想象力，提升学生场景创新素养与能力。[①]可以看出，职业院校在培养应用型人工智能技术人才方面扮演着至关重要的角色。为响应国家政策和人工智能应用型人才发展的迫切需要，金华职业技术学院信息工程学院构建了以人工智能技术应用专业为核心的电子信息技术专业群。金华职业技术学院信息工程学院成立于2003年9月，践行“重能力、扬个性、分流分层”人才培养理念，开展基于工作坊的“项目中心课程”教学改革与实践，构建“说做写教”工作坊教学组织形式，实施“过程画像”的多元化评价。学院在人工智能人才培养上取得了显著效果，人工智能技术应用教师团队入选首批省级职业教育教师教学创新团队，培养了大批具备“人工智能＋”思维和集成创新能力的高素质技术技能型人才。

1.2 案例简介

金华职业技术学院信息工程学院师资力量雄厚，拥有多位高级职称教师和行业专家。该学院积极引进优秀师资，拥有全国行业职业教育教学指导委员会委员2人，省教学名师2人，省高校优秀教师2人，省高校教坛新秀1人，省师德先进个人1人，省“三育人”先进个人1人，省青年教师资助计划3人；省“151工程”第三层次人才1人，省“百千万”高技能领军人才培养工程第二层次“拔尖技能人才”1人，省高职（高专）专业带头人7人。在人工智能技术应用专业方面，该学院致力于培养掌握人工智能基础专业理论知识、应用技术，具备人工智能技术应用开发、系统管理与维护等能力，从事人工智能技术支持、人工智能数据处理、人工智能算法应用开发、

① 科技部等六部门印发《关于加快场景创新以人工智能高水平应用促进经济高质量发展的指导意见》[EB/OL].(2022-07-29)[2023-06-26]. https://www.gov.cn/zhengce/zhengceku/2022-08/12/content_5705154.htm.

系统集成与运维、产品销售与咨询、售前售后技术支持等工作的高素质技术技能人才。①

二、案例特色

2.1 以能力导向确定人工智能技术应用人才培养目标

金华职业技术学院信息工程学院对人工智能技术应用专业的社会需求进行调查,兼具对考察毕业生就业三年内的职业岗位和发展需要的考察。首先,确定人工智能技术应用专业的主要就业岗位,分别为人工智能技术支持工程师、人工智能数据处理师、人工智能算法应用工程师和智能电子产品开发工程师。其次,厘清不同工作岗位的主要工作内容,并分析出与之相对应的能力点。例如,人工智能技术支持工程岗位工作内容主要为人工智能系统运维和故障处理、智能物联网设备的配置、调测和维护等。这需要从业人员具备相关的职业能力,例如熟练掌握智能系统开发流程、智能物联网设备功能、Linux 操作系统、Python 和 Shell 脚本语言,并具备较强的责任心与应急能力等。再次,根据所分析的能力点,设计出相应的课程与人才培养方案。例如,人工智能技术支持工程师所对应的核心课程为人工智能导论、Python 程序设计、Linux 服务器配置与管理、传感器技术应用和智能硬件通信技术。最后,将不同就业岗位的所需能力叠加,这就构成了人工智能技术应用人才培养的总目标。具体工作岗位和对应能力如表 4.9 所示。

---

① 金华职业技术学院信息工程信息工程学院[EB/OL].[2023-06-26]. https://info.jhc.cn/115/list.htm.

表 4.9 工作岗位能力对应表

工作领域	工作任务	职业能力	相关核心课程
人工智能技术支持工程师	解决运营过程中出现的问题;解答用户相关业务咨询;分析、整理系统运营报告;对系统开发提出优化建议;培训、上线升级支持系统;解决安装部署的难点	掌握大数据、人工智能产业链;熟悉智能系统开发流程;掌握智能物联网设备功能,精通 Linux 操作系统;熟练使用 Python、Shell 脚本语言;责任心强,自我驱动,能应对突发应急情况	人工智能导论 Python 程序设计 Linux 服务器配置与管理 传感器技术应用 智能硬件通信技术
人工智能数据处理师	数据整理、标注、评估;标注工具、标注流程优化;清洗规则制定和修正;数据归一化、校验;数据源组合分析、挖掘和建模;运营数据评估和建议;数据与业务结合	精通 Python 语言、Java 语言;熟悉主流数据库,熟练 SQL 优化;掌握 MapReduce 等主流大数据应用;熟悉常见机器学习算法;熟悉 Liunx 开发环境和深度学习训练工具	My SQL 数据库应用 NO SQL 数据库应用 人工智能数学基础 机器学习算法与应用 深度学习框架及应用
人工智能算法应用工程师	方案制定,设备选型、验证;物体检测、识别和跟踪平台搭建;语音识别、合成平台搭建;机器学习模型建立、训练;机器学习模型测试;模型参数调优、算法优化	掌握机器学习/数据挖掘/最优化理论基础;熟悉深度神经网络的常用模型;精通用的深度学习算法主流架构;熟悉 OpenCV 开源图像处理库;精通目标检测、目标分割等深度学习算法	机器学习算法与应用 深度学习框架及应用 人工智能 SDK 集成应用 计算机视觉技术应用(OPEN CV)
智能电子产品开发工程师	智能硬件产品需求分析;智能硬件 DEMO 原型设计;智能硬件产品嵌入式开发;软硬联调、集成测试;产品生产过程监控;行业分析,优化产品体验	具备人工智能技术应用开发、系统管理与维护等能力,熟悉 ARM 硬件结构;熟悉 Linux、uCos、FreeRTOS 系统;熟练使用 PCB 绘制软件;掌握传感器的原理应用;熟练使用嵌入式相关的编程软件;熟练移动应用开发,掌握深度学习算法;具备智能设备软、硬件开发、生产、调试能力	机器学习算法与应用 深度学习框架及应用 传感器技术应用 智能硬件通信技术 嵌入式技术应用 智能电子产品设计制作

2.2 设置渐进式的实践教学体系来培育学生实践能力

金华职业技术学院以培养学生具备智能应用开发为目标,设计了一个渐进式的实践教学体系,夯实就业基础。该实践教学体系由基本技能训练阶段、初级技能训练阶段、中级技能训练阶段和高级技能训练阶段构成(如图 4.6 所示)。

图 4.6 实践教学体系

在基本技能训练阶段,学生主要通过基础课程学习来掌握规范算法编程能力。这个阶段的课程包括程序设计基础、Python 程序设计和数据处理综合实训等。通过这些课程,学生将培养算法逻辑、人机交互和界面美观的整合设计能力,以及良好的代码编写和调试能力。这能为后续实践能力培养打下坚实的基础。在初级技能训练阶段,学生将参与融合赛事和创新班的培训,旨在培养智能算法综合应用能力。本阶段的课程包括人工智能数学基础、数据库技术基础、机器学习算法与应用和机器视觉识别应用实训等。通过这些课程和实践项目的学习,学生将深入了解智能算法的原理,并学会将其应用于无人车视觉识别算法的开发,这将培养学生基于无人车视觉识别算法应用的能力。中级技能训练阶段主要通过实际科研项目来培养无人车响应控制和综合应用能力。除了深度学习算法及应用、计算机视觉应用 OPENCV 等课程,学生还将进行科研项目的实践,这有助于帮助学生掌握深度学习算法的相关原理与应用,学习计算机视觉技术的应用,并培养网络通信编程和多线程开发的能力。高级技能训练阶段的课程包括 NOSQL、操作系统、智能车云网综合应用开发实训等。在这个阶段,学生将培养沟通、分析和设计能力,以及无人车云网络综合应用能力。总体来看,渐进式的实践教学体系可以为学生提供全面的实践训练。从基本技能到高级技能,可以逐步培养学生在算法编程、智能算法应用、无人车控制与开发以及云网络应用等方面的能力。通过这种渐进式的教学方法,学生将能够更好地应对真实世界中的挑战,并为未来的职业发展做好准备。

在配套的实践教学基本设施来看,金华职业技术学院模拟企业现场,为学生提供仿真或真实的学习环境来推动人工智能技术应用专业项目化课程体系实施。具体配置要求如表 4.10 所示。

表 4.10 实践教学基本设施配置

实训类别	实训项目	主要设备名称	数量(台)
数据处理综合实训	智能车基础数据采集清洗	高性能 PC	50
视觉识别算法应用综合实训	智能车视觉识别	智能车、高性能 PC	50
智能车决策算法综合实训	智能车深度学习决策算法综合运用	智能车、高性能 PC	50
智能车云、网、端综合应用开发实训	智能车云、网、端综合应用	智能车、高性能 PC	45

2.3 以职业资格证书为接口对接职业发展

2019 年,国务院发布《关于印发国家职业教育改革实施方案的通知》,提出在职业院校启动"学历证书+若干职业技能等级证书"制度试点(以下称 1+X 证书制度试点)工作。金华职业技术学院深入贯彻 1+X 证书制度改革,将职业技能等级证书作为人才培养的一项重要环节。为激励学生考取职业技能等级证书的积极性,金华职业技术学院规定职业技能证书可以认定相应的学分并替代相关课程，一般每培训30学时认定1学分。学生可通过职业证书替代以下两类课程：(1)与专业相关度不高的职业技能证书，经专业确认后可替代相关通识任选课；(2)与专业相关度很高的职业技能证书，经专业确认后也可替代专业核心课。所替代课程总学分不得超过职业资格证书认定学分。

具体来看，人工智能技术应用专业学生可选取“云计算平台运维与开发”(中级)证书作为职业技能证书试点。由于中级职业技能培训时间不少于224标准课时，因此参与培训和考取“云计算平台运维与开发”(中级)证书的学生允许认定12学分(大约每培训30学时认定1个学分)，学生根据认定的学分可替代相关课程，例如，“云资源管理”“云服务应用”“大数据平台搭建和运维”“云平台运维”。除此之外，该专业也允许学生选取“计算机视觉应用开发”(中级)证书作为职业技能等级证书。根据“计算机视觉应用开发”职业技能等级标准要求，学生可根据该证书替换“人工智能导论”“Python程序设计”“机器学习算法与应用”和“Linux服务器配置与管理”等课程的学分，最高同样不超过12学分。最后，该专业学生必须取得全国计算机技术与软件专业技术资格(水平)考试程序员、高级程序员证书、数据库管理员、Adobe厂商证书或经人工智能技术应用专业指导委员会确认的其他IT证书之一。

三、案例总结

金华职业技术学院信息工程学院在人工智能技术应用人才培养方面具有鲜明的特色和显著成效(见图4.7)。首先，该学校以能力导向确定人工智能技术应用人才培养目标，充分考虑社会需求和就业岗位，并分析出不同岗位所需的能力点。通过设计相应的课程和人才培养方案，确保学生能够掌握相关理论知识和应用技术，具备相关职业能力。其次，金华职业技术学院采取渐进式的实践教学体系，帮助学生逐步培养实践能力。从基础技能训练到高级技能训练，学生通过相关课程和实践项目的学习，掌握算法编程、智能算法应用、无人车控制与开发以及云网络应用等能力。最后，金华职业技术学院积极贯彻国家的1+X证书制度改革，将职业技能等级证书作为人才培养的重要环节。学生可通过考取职业技能等级证书来替代相关课程，并获得相应的学分。这样做既激励了学生考取职业技能等级证书的积极性，又提高了学生的职业能力和就业竞争力。总体来看，金华职业技术学院在人工智能技术应用人才培养方面注重实践能力的培养，并与职业发展紧密对接。通过定制化的课程设置、渐进式的实践教学体系以及职业资格证书的认定，为学生提供了全面的培养方案，使其能够胜任不同岗位的人工智能技术应用工作，满足社会对高素质技术人才的需求。

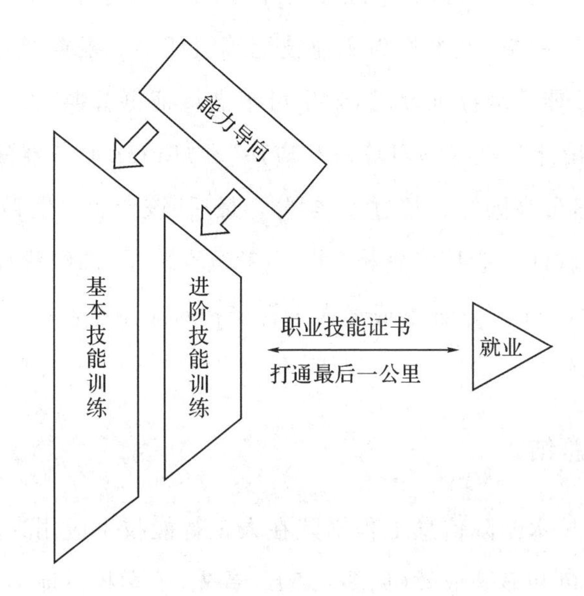

图4.7 金华职业技术学院人工智能技术应用人才培养模式

4.7 “AI+”人才培养案例小结

从培养目标定位来看,本章案例均聚焦于培养 AI 领域的复合应用人才,即培养掌握 AI 领域知识和能力的专业人才,实现 AI 在其他领域创新应用。具体的培养举措可进一步归纳为“AI+场景应用型人才培养路径”(见图 4.8)。该路径致力于培养 AI 领域的宽口径复合应用人才,以推动 AI 在不同场景下的创新应用,对学生的操作应用能力有较高要求,并要求学生在 AI 技术应用的过程中应当坚守 AI 伦理道德修养。产业和科研机构在这类人才培养中起主导作用。在培养平台建设方面,AI 专业院系、跨学科研究中心和智能开放教学平台为培养这类型人才提供平台支撑;在课程资源设计方面,注重通过实训操作课程和 AI+X 交叉课程培养学生的实践应用能力和交叉创新思维;在师资队伍组建方面,组建跨学科师资队伍和企业导师师资队伍,使学生有机会接触 AI 在不同领域的产业应用实际;在工具资源方面,充分发挥产业资源优势,基于场景化教学案例、开放的数据、算法和算力,为老师和学生搭建立体真实的实训场景。

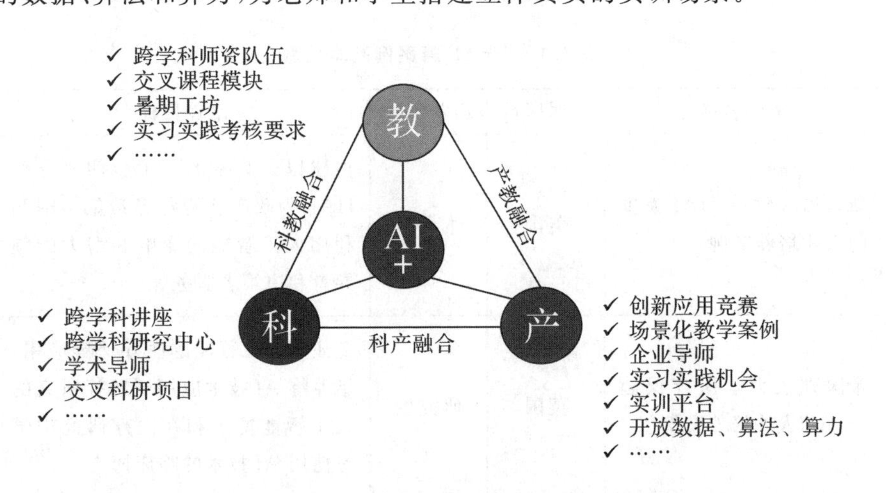

图 4.8 AI+场景应用型人才培养路径

第五章 “＋AI”篇:技术赋能型人才培养

本章聚焦“＋AI”交叉创新人才的人才培养案例,这类型人才是对 AI 领域知识、技术有一定认知和应用能力的非 AI 专业人才,致力于推动 AI 与其他领域交叉融合并赋能其他领域。根据典型性和聚焦性原则,对斯坦福大学以 HAI 为主的人才培养案例、帝国理工大学医疗保健“＋AI”人才培养案例、华中师范大学教育“＋AI”研究生人才培养案例、杭州科技职业技术学院物联网应用技术专业人才培养案例、微软新一代人工智能开放科研教育平台人才培养案例、百度 AI Studio 实训社区人才培养案例六个案例进一步分析,总结其在培养“＋AI”交叉创新人才的经验与独特做法(见表 5.1)。

表 5.1 “＋AI”篇案例基本信息

案例名称	所属区域	培养层次	培养目标
斯坦福大学以 HAI 为主的人才培养案例	美国	本硕博	构建以人为本的人工智能研究院 HAI,为政产学研各界希望了解和利用人工智能的影响和潜力的领导者和决策者服务
帝国理工大学医疗保健“＋AI”人才培养案例	英国	研究生	专注于人工智能的医疗保健应用,培养将 AI 技术应用于医疗研究的人工智能博士和在医疗研究中学习使用 AI 技术的临床博士

续表

案例名称	所属区域	培养层次	培养目标
华中师范大学教育“+AI”研究生人才培养案例	中国	研究生	依托人工智能教育学部，打造人工智能与教育深度融合的交叉学科创新高地，构建“人工智能+教育”复合型高水平人才培养模式
杭州科技职业技术学院物联网应用技术专业人才培养案例	中国	高职	面向物联网应用行业工程实施一线，培养高素质复合型技术技能人才
微软新一代人工智能开放科研教育平台人才培养案例	中国	社会人士	旨在构建开放、开源的中国人工智能科技创新与教育合作体系，助力中国新一代人工智能领域科研成果的迸发，促进高端科技人才的培养与共享科教生态的建立
百度 AI Studio 实训社区人才培养案例	中国	社会人士	以 AI Studio 实训社区为平台保障，培养覆盖人工智能全行业的高质量复合型、创新型、应用型人才

5.1 斯坦福大学以 HAI 为主的人才培养案例

一、案例选择

（一）案例背景

根据《美国新闻与世界报道》（*US News & World Report*）发布的2020年美国最佳研究生院排名（2020 Best Grad Schools Rankings），斯坦福大学在人工智能领域位列前三。斯坦福大学不断地根据人工智能学科自身的特点进行建设，以学生为本，以培养人才为宗旨，不断推陈出新，适应时代发展需要。在斯坦福大学“人工智能”较长的发展历程中，形成了一套自成体系的围绕人才培养的策略、模式及目标。在此基础上，斯坦福大学成立了一个新机构——以人为本的人工智能研究院(Stanford Institute for Human-Centered Artificial Intelligence，HAI)，该机构致力于研究、指导和开发以人为本的人工智能技术及应用，加强与产业界(涉及技术、金融服务、卫生保健和制造业等)、政府和非政府组织的合作，通过人工智能实现人类更美好的未来。对斯坦福 HAI 交叉学科人才培养体系进行研究，能够为我国 AI 学科布局思路和高校学科发展规划提供借鉴。

(二)案例简介

斯坦福 HAI 注重多学科之间的合作和思想的碰撞，致力于研究和预测 AI 对人类社会和生活的影响，设计和实践以人为本的 AI 技术和应用，培养未来教育、研究、工业和公共政策方面的领导者，培养能够塑造社会未来的领导者，使人工智能教育研究更好地服务人类。斯坦福 HAI 的目标是：使其成为一个跨学科的全球中心，为来自学术界、政府和行业的人工智能思想家、学习者、研究人员、开发人员、构建者和用户，以及希望了解和利用人工智能的影响和潜力的领导者和决策者服务。[①]

二、案例特色

(一)以人为中心，构建适应多学科“通专”融合的“+AI”大课程体系

HAI 致力于研究、引导和开发以人为本的 AI 技术与应用，侧重跨学科协作和思维多元性，以推进人工智能的研究、教育、政策和实践。在课程设置中首先秉持多学科“通专”融合，包括数学与科学、社会中的技术、工程基础、核心课程、深度课程、高级项目课程的多个板块。HAI 致力于推进人工智能专业与自然科学学科、人文学科和社会学科专业的融合建设，构

① 本篇案例资料收集时间为 2022 年 1 月—2022 年 5 月，案例报告撰写时间为 2022 年 9 月。Stanford. Welcome to the Stanford Institute for Human-Centered Artificial Intelligence [EB/OL]. [2024-01-21]. https://hai.stanford.edu/about/welcome.

建了以人工智能为核心、多学科为支撑的课程体系。

(1)人文社科＋AI

李飞飞教授等人在《斯坦福大学以及全世界聪明头脑的共同目标：把人性置于人工智能的中心》中提到，“为了更好地满足我们的需求，人工智能必须融入更多人类智慧的多样性、细微差别和深度”。[①] HAI遵循以人为本发展人工智能的原则，在人工智能人才培养中，不仅注重培养学生的专业技能，更注重培养学生的同理心、批判性思维、创造力、协作力等人文精神，对人类社会的理解和认知能力以及将人工智能技术与社会科学紧密融合来解决实际社会问题的跨学科交叉应用能力和社会素养(见表5.2)。

表5.2 人文社科＋AI代表性交叉课程

课程名称	教学内容
人工智能—行为主义—艺术	探索艺术和人工智能的交叉，重点是社会影响和种族公正
数字文化的兴起	探索从冷战到现在，数字技术与后工业时代的生活和工作方式的交织发展。主题将包括数字媒体的历史起源，其部署和使用的文化背景，以及数字媒体对自我、社区和国家概念的影响
数字公民社会	分析了科技对社会生活、自由表达、个人隐私和集体行动带来的机遇和挑战
人工智能在AEC行业中的应用	课程聚焦重要的行业问题，并批判性地评估学术界和工业界相应的AI方向。学生将了解人工智能如何在建筑、工程和建筑行业中提供解决方案
人工智能赋能社会	学习和应用最前沿的人工智能技术到现实世界的社会良好的空间(如医疗保健，政府，教育和环境)
设计人工智能造福人类	探究如何设计AI来促进人类繁荣

① Introducing Stanford's Human-Centered AI Initiative[EB/OL]. (2018-10-18)[2024-01-21]. https://hai. stanford. edu/news/introducing-stanfords-human、centered-ai-initiative.

续表

课程名称	教学内容
数据政治:算法文化、大数据和信息浪费	研究数据和算法在重大政治现象中的作用,如假新闻、Twitter机器人、预测市场、种族定性、自主机器人武器、加密货币和黑客选举
现代应用统计学:数据挖掘	预测和描述学习新技术,弥合统计学、计算机科学和人工智能之间的差距
伦理、公共政策和技术变革	通过哲学、公共政策、社会科学和工程学的视角,探讨计算机技术和平台的最新发展
前沿技术:理解和准备下一个经济的技术	提供前沿技术的介绍,前瞻性思维和现实世界的实现相遇的交叉点。涵盖的主题包括人工智能和先进机器人、智能城市和城市移动、5G电信和其他社会中的关键新兴技术
人工智能哲学	要求学生阅读相关领域的哲学著作,以及明确如何解决人工智能问题的著作,探讨人工智能是否可能存在思想、意识和情感,从而对人工智能发展中面临的哲学挑战有深刻而清晰的理解
数字化经济	研究由数字技术(包括人工智能、网络以及信息、商品和服务的数字化)推动的经济转型。主题包括信息经济学、双边网络和平台、权力法则、无形资产、组织互补性、不完全契约、增长理论和实证研究设计
人力分析	旨在研究如何利用大数据、机器学习和人工智能来指导组织的设计、招聘、晋升和人力资源管理流程

资料来源:Stanford. Courses for Stanford Students [EB/OL]. [2024-01-21]. https://hai.stanford.edu/education.

(2)医学+AI

随着人工智能、新技术和新方法的发展,人工智能+医学方向交叉课程的设置是培养能够应用人工智能前沿技术解决创新药物研发、早期检测疾病、提供更成功的个性化治疗计划等的关键技术问题的复合型人才(见表5.3)。

表 5.3 医学＋AI 代表性交叉课程

课程名称	教学内容
疾病诊断和信息推荐中的人工智能	AI 在疾病诊断和信息推荐中的应用,如癌症/抑郁症诊断和治疗、手术 AI/VR、健康教育
数据驱动的 COVID-19 建模	学习如何设计计算工具来理解 COVID-19 的流行动态
医疗保健领域的人工智能	深入探讨人工智能在医疗保健领域的最新进展,特别关注解决医疗保健问题的深度学习方法,旨在为来自不同背景的学生提供人工智能在医疗保健领域前沿研究的概念理解和实践基础

资料来源:Stanford. Courses for Stanford Students[EB/OL]. [2024-01-21]. https://hai.stanford.edu/education.

(3)法学＋AI

人工智能发展到一定程度,必然带来制度、规则、标准、程序的需求,急需法治回应。HAI 提供了一系列课程,聚焦于人工智能法学理论前沿研究,制定和完善人工智能法律规范,创新人工智能法律人才培养模式,研究人工智能司法改革创新(见表 5.4)。

表 5.4 法学＋AI 代表性交叉课程

课程名称	教学内容
人工智能与法治:全球视角	从全球视角探讨新数字技术带来的深刻法律和治理挑战。了解科技如何重塑政治权威、权利和资源的全球分布,美国、欧洲、中国和其他地方现有的法律和监管状况以及相应出现的新的民主治理模式
讨论:机器人伦理	探究机器人和人工智能(AI)发展中的法律和伦理问题
计算机科学专业的法律	概述了学生在职业生涯中会遇到的各种各样的知识产权问题,包括专利、商标、版权和商业秘密法的基础知识
人工智能治理:法律、政策和制度	探索了与人工智能相关的定义和基本概念,人工智能发展的可能途径,现有和未来版本的人工智能提出的不同类型的法律和政策问题,以及人工智能治理的独特的国内和国际政治经济问题

续表

课程名称	教学内容
改变私人法律实践的技术、经济和商业力量	课程由两部分组成。在第一部分，课程的重点是确定改变法律专业的技术、经济和商业实践，并考察它们对传统法律方法的影响。在第二部分，课程的重点是律师如何适应改变法律的力量，并在新的环境中取得成功。课程的第二部分还将探讨不断变化的法律环境如何给律师带来新的道德和职业挑战
数字科技和法律	为学生提供两个强大的知识基础：一是关键数字技术，二是基本掌握每一项法律涉及的关键法律框架

资料来源：Stanford. Courses for Stanford Students[EB/OL]. [2024-01-21]. https://hai.stanford.edu/education.

(二)以人为中心，集结多学院差异化学科背景的+AI师资队伍

斯坦福人工智能领域拥有具备多学科和差异化学科背景的教师团队，他们来自生物学、物理学、法学、统计学等多个学科，不仅为学生拓宽了知识学习的领域，也能从已知的核心领域为人工智能专业建设和课程设置提供专业化建议。

斯坦福大学以人为本人工智能研究院(HAI)于2019年3月正式成立。这一新建的研究院由斯坦福大学7所学院的227名教师和12名来自各研究机构的研究员组成，本身具有跨专业背景的有40余人，组建了计算机科学、医学、经济学、社会学和心理学等跨学科研究团队(见表5.5)。HAI有100多名博士生以及众多硕士生参与人工智能领域计算机视觉、自然语言处理、机器人，以及航空航天等前沿课题。

HAI将人文社科、医学和法学等学科融入计算机科学中，与多学科背景专家合作，充分评估人工智能对经济、政治、社会等方面的影响，从行业角度探究人工智能在建筑、汽车以及工程等行业发挥的作用。宏观方面，大力开展计算机科学专业与自然科学学科、人文学科和社会科学的跨学科专业建设。在与自然科学专业融合方面，与数学、化学、遗传学、物理学、医学以及土木建筑工程专业进行跨专业建设；在打破与人文学科的学科壁垒

方面,推出联合重大计划(JMP),先后实现计算机科学与14个人文专业的学科建设,形成了以计算机为基础的多学科交叉的知识网络体系;在打破与社会科学学科界限方面,与管理学以及法学实行专业联合计划。微观方面,将跨学科建设融入学位授予具体执行过程,学生通过计算机科学专业与各类专业的跨学科学习,毕业时获得相应的联合学位。

表5.5 HAI教师队伍构成

院系	人数
商学院:管理学、市场营销、金融	12
地球科学学院:地理科学、地球科学、地球系统科学	8
教育学院:数学教育、教育、工商管理	8
工程学院:计算机科学、土木与环境工程/化学工程、管理科学与工程、机械工程	75
人文与科学学院:艺术与艺术史、经济学、音乐、哲学、物理、政治科学、心理学、社会学、生物、传播学	55
法学院	11
医学院:麻醉学、生物工程、医学、微生物学与免疫学、神经学与神经科学、精神病学与行为科学、放射学、生物工程	58
研究机构	12

资料来源:Stanford. Faculty [EB/OL]. [2024-01-21]. https://hai.stanford.edu/people/faculty.

(三)以人为中心,建设智能集约共享的+AI平台支撑体系

HAI将与包括AI100、AI Index、AI安全中心和语言与信息研究中心在内的9个机构合作,规划占地20万平方英尺,旨在成为跨学科合作的集结点和催化剂(见表5.6)。

表 5.6 +AI 平台支撑体系

机构名称	目标
语言和信息研究中心 (Center for the Study of Language and Information)	旨在为教师和学生提供关于认知功能和过程的计算、逻辑和随机建模研究服务
数字经济实验室 (The Digital Economy Lab)	作为研究和教育的引擎,该实验室汇集了企业、科研院所、高校等利益相关者群体,分析数据,进行实验,发展理论,并提供可操作的见解
基础模型研究中心 (Center for Research on Foundation Models)	旨在基础模型的研究、开发和部署方面取得根本性的进展
AI 百年计划 (AI100)	研究并预测人工智能的影响将如何波及人们工作、生活和娱乐的方方面面,并为具体的人才培养提出政策导向
AI 指数 (AI Index)	旨在追踪、整理、提炼和可视化与人工智能相关的数据,为决策者、研究人员、高管、记者和公众提供对复杂的人工智能领域的直观认识
AI 安全中心 (Center for AI Safety)	开发严格的技术,以构建安全可靠的人工智能系统
数据分析中心 (Data Analytics for What's Next)	旨在让人工智能大众化
法规、评估和治理实验室 (Regulation, Evaluation, and Governance Lab)	旨在与政府机构合作,设计和评估实现治理现代化的项目、政策和技术
开放虚拟助理实验室 (Open Virtual Assistant Lab)	旨在创建一个基于开放虚拟助理技术的生态系统,该技术使语言用户界面的人工智能大众化,创建一个开放的、非专有的网络,并促进个人数据所有权的共享

资料来源:Stanford. About[EB/OL]. [2024-01-21]. https://hai.stanford.edu/about/research-centers-and-partners.

（四）以人为中心，构建提高学生综合能力的多元化教学模式

基于“X+AI”高素质复合型人才培养的需求，HAI在人工智能人才培养过程中，充分凸显了跨学科间的融合性和授课模式的多元性。HAI将人文社科、法学等学科融入传统工程学科，构建主题研讨、案例教学、讲座阅读结合、互动辩论相结合的多元化教学模式。在学习过程中激发学生的灵感，促使学生主动思考学习，从认识知识到运用知识、传播知识，逐步锻炼提升学生将所学知识迁移运用到实际的能力。

讲座阅读结合是最普遍的模式，HAI通常会邀请人文社科、医学、法学等交叉学科领域的专家或影响人类福祉的行业（如医疗、交通）的领导者，围绕某一主题开展讲座，随后与学生进行互动讨论。此外，课程要求学生阅读相关文献书籍并每周进行讨论，一方面有利于学生加深对理论和概念的理解和思考，另一方面有利于培养学生的批判性思维。案例教学由教师呈现涉及多个学科领域的案例，学生分组进行案例分析，并在教师指导下设计解决方案。主题研讨、互动辩论有助于学生加深理论学习，会碰撞出火花并激发灵感。HAI在人才培养中，除了阅读、写作、汇报等任务导向以外，同时注重兴趣引领，学生们可以选择领域内感兴趣的方向进行探索。

（五）以人为中心，产教融合推进实践能力培养

HAI通过企业会员计划与对人工智能研究、政策和实践感兴趣的公司开展合作，为其提供与斯坦福大学的教师、学生以及其他企业会员互动的机会。HAI通过支持校企间的互动来实现企业的有效参与，拓展了AI人才培养的途径。一方面，企业有机会与研究人员、研究生之间建立联系，更快了解研究动态与前沿技术，为企业培养对口的人才，也为学校专业人才的培养提供明确的指引①；另一方面，有助于为所有参与者提供关于AI

① 黄蓓蓓.改革与创新：斯坦福大学人工智能人才培养的特征分析[J].电化教育研究，2020，41(2)：122-128.

研究、政策和教育与行业的交叉点的机会、问题和解决方案的宝贵见解，从而实现专业知识和行业创新的双向转移。[①]

三、案例小结

HAI的核心理念在于“以人为本”，确保人工智能的力量用于增强人类能力而不是取代人类。HAI的跨学科真正把人文社科、医学和法学等融入传统工程学科中，工程科学家在设计人工智能时与人文社科等领域的专家进行合作，充分评估人工智能可能会导致的经济、政治、社会、传播等负面影响；来自社会各界各行业的咨询委员会成员从行业角度为人工智能的研究教育提供帮助。

HAI人才培养坚持“面向前沿科学技术”的学术价值取向和坚持“解决复杂社会问题”的社会价值取向，以培养出交叉学科人才，从资金—教育—管理—文化多层次保障推进人才培养（见图5.1）。[②] (1)独立的资助政策和丰富的资金使用。HAI资金按照捐赠条款用于研究员、研究生、博士后，也包括本科生暑期实习、研究生奖学金、数据采集、报告和意见书和公共事件，只要能促进技术进步与社会影响的人工智能研究均可提交申请。(2)鼓励优质项目重视学科交叉。斯坦福大学有着深厚的多学科研究传统，HAI正是在这一传统的基础上发展起来的。HAI关注学习、构建和发明，并注重扩展目标、意图和以人为本的方法，主要关注三大领域，分别是：人类的影响、增加人类的能力和智能，旨在使人工智能更好地服务于社会。在学生课程方面，HAI为学生提供的课程涉及专业课和人文社科、医学、法学类课程，有助于学生根据专业方向选择具体课程。(3)跨学科团队。+AI人才培养的起点是其他研究领域与AI的合作，HAI吸引了优

---

① Stanford. AI affiliates program | Stanford artificial intelligence laboratory [EB/OL]. [2024-01-21]. https://ai.stanford.edu/ai-affiliates-program/.

② 陈其晖，陆维康，杨劲松. 人工智能教育与研究的“以人为本”范式及启示——以斯坦福大学HAI为例[J]. 中国高校科技，2022(6):43-49.

秀的科学家团队入驻，除斯坦福大学内的教职工，还拥有来自不同研究机构的科研人员，形成了从管理到科研教育的强大团队。(4)多方合作促进技术文化交流。HAI为地方政府提供对话平台，共同讨论人工智能对经济、社会、文化产生的影响，保证人工智能的最佳实践。同时，HAI为决策者提供培训，以确保政府拥有用于有效决策的工具。

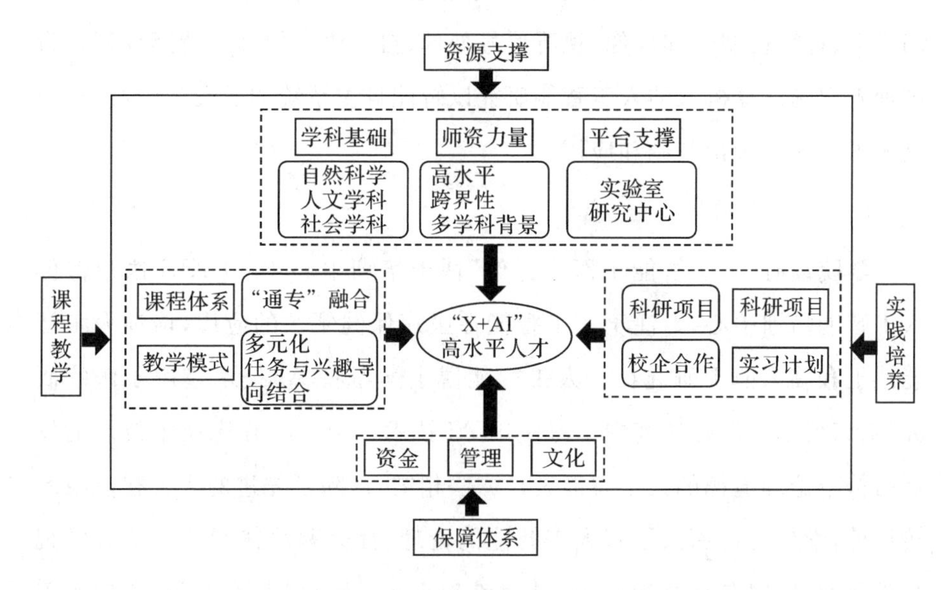

图 5.1 斯坦福大学 HAI以人为本人才培养模式

5.2 帝国理工学院医疗保健“＋AI”博士人才培养案例

一、案例选择

(一)案例背景

帝国理工学院是公认的英国大学的五强之一，是一所主攻理学、工学、医学和商学的世界顶尖公立研究型大学，在世界学术界有极高的声望。学院计算机系是英国最大的计算机科学系之一,也是学术研究领域的世界领先者。自20世纪70年代开始,计算机系在人工智能领域有着卓越的研究成果,并于1983年开始颁发人工智能专业硕士学位,提供广泛的专业知识教育,专业知识范围从机器学习到知识表示和推理、自主代理和多代理系统、人机交互和集体、认知和人类建模、数据科学、机器人技术、增强现实、图形学、计算机视觉和成像、视听信号处理、自然语言处理和情感计算。帝国理工学院计算机系的人工智能研究以智能自主系统的研发为中心,重点是人工智能的理论基础和应用。

(二)案例简介[①]

学院设有"人工智能+医疗保健"博士培训中心——UKRI医疗保健人工智能培训中心,专注于人工智能在医疗保健领域的应用,培训人工智能博士和临床博士研究员。人工智能博士学习将AI技术应用于医疗研究,临床博士在医疗研究中学习使用AI技术。中心将临床技术技能的发展与符合伦理道德的人工智能设计方法相结合,除了先进的人工智能技术培训外,学生还将深入了解人工智能的伦理、社会和法律影响。中心重视科学研究,以服务社会为目的,针对性地开展"+AI"人才培养,期望培养的博士生能够应用人工智能技术改善医疗保健体系,应对气候变化,并创造新的商业机会。[②]

二、案例特色

(一)项目制过程训练,夯实产教融合

博士生在帝国理工学院的学习过程分为基础阶段(前半年)、研究阶段

---

① 本篇案例资料收集时间为2022年1月—2022年5月,案例报告撰写时间为2022年6月。Department of Computing[EB/OL].[2024-01-21]. https://www.imperial.ac.uk/computing/.

② 罗纯源,董丽丽."人工智能+生物医学"人才培养模式——以英国爱丁堡大学UKRI生物医学人工智能博士培养中心为例[J].世界教育信息,2021,34(1):51-56+62.

(前半年至第3.5年)和影响阶段(最后半年),各阶段的重点任务如表5.7所示。

表5.7 博士生不同阶段重点任务说明

阶段	基础阶段	研究阶段	影响阶段
重点任务	基础课程学习	研究项目	汇报项目
具体说明	编程、机器学习、AI伦理等	项目涉及的研究方向有发现研究,诊断、成像和监测,支持复杂决策,控制医疗设备和接口,人口健康和保健	以研究项目为中心,推进学位的获取

项目均由慈善机构、企业等提供科研资金,因此除了个人博士项目之外,与合作企业的接触也是博士生训练的关键部分。合作企业提供培训,为学生提供现实世界的问题,赞助特定项目,参加展示中心研究的活动,并提供就业机会。产教融合的合作形式确保了学生培养的技能与行业和整个社会相关且有价值,也为英国工业界提供信息和支持。人工智能医疗保健博士培训中心和以患者为中心的慈善机构、NHS信托基金等一系列行业密切合作,共同组建团队,包括世界领先的人工智能研究人员、临床博士研究员、行业利益相关者和患者组织伙伴,以促进不同领域人员之间的共享理解,提供认知多样性和互补的环境。

(二)跨学科团队组成,推动交叉融合

人工智能医疗保健博士培训中心的每一名学生至少有两位导师,一位具有人工智能背景,另一位具有生物医学背景,两位导师通常来自两个不同的院系或部门,由此开展跨学科培训。学生可以接触相关的专家导师,如计算机视觉(数字病理学和诊断)以及传感和可穿戴技术(移动心理健康和数字生物标记),以此提高专业认知的水平。类似的,同一博士团队也存在两种不同学科背景的博士生,即来自人工智能背景的普通博士生和来自医学背景的临床博士生,不同学科背景的博士通过同一个课题的共同合作研究一起获取学位。

(三)多类型学术交流,促进成果分享

帝国理工学院在“人工智能+生物医学”人才培养过程中,强调人工智能学术会议和出版物的重要性和必要性,以确保与科学界广泛分享新的研究成果和知识,并获得个人研究成果和职业成就的荣誉。学院鼓励博士生在自己领域领先的期刊上发表成果,并以各种方式获得研究成果,包括技术报告、研讨会论文、会议演示和期刊文章。人工智能学术会议提供交流的机会,学院鼓励学生参加国际会议,部分会议如表5.8所示。

表5.8 帝国理工学院鼓励学生参加并进行汇报的国际会议

会议名称	聚焦领域
人工智能促进协会	智能行为本质
人工智能和统计	以统计为核心的数据驱动
自然语言处理经验方法	自然语言处理
国际机器学习会议	机器学习
机器人与自动化国际会议	机器人
国际人工智能联合会议	人工智能全部领域
智能机器人和系统国际会议	机器人、系统
知识发现和数据挖掘会议	数据挖掘
计算语言学协会北美分会	自然语言处理

三、案例小结

从学校定位来看,帝国理工学院的“人工智能+生物医学”人才培养的主要目标是服务于产业研发应用,因此其培养的学生类型为研究生(博士生),不涉及本科生的培养。在课程体系方面,博士阶段的课程以AI基础理论为主,不同学科背景的学生有不同的基础课程组合,为后续阶段的项目研究提供知识基础。在人才培养方面，帝国理工学院围绕产业需求，建立与校内其他单位、其他高校和外部企业的紧密合作关系，如帝国理工学院综合系统生物学中心、英国健康数据研究中心，为学生提供多元化的认知交流机会。在学生团队方面，有来自人工智能背景的博士生和来自医学背景的临床博士生，通过不同背景成员之间的交流和合作推进项目的研究。从整体来看，帝国理工学院以项目推进为人才培养的路径，以跨学科背景团队为人才培养的环境，以多形式学术成果为人才培养的评价，以产业应用为人才培养的目标。其培养模式简单总结如下。

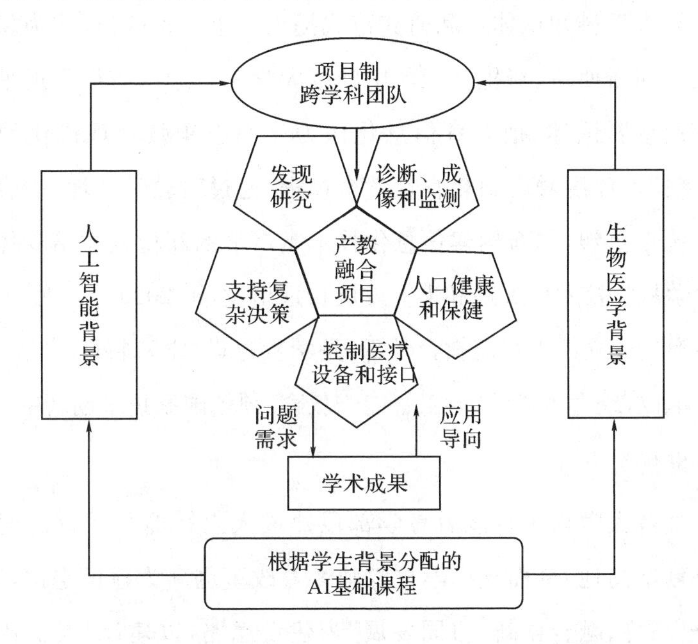

图 5.2 帝国理工学院“人工智能＋生物医学”人才培养模式

5.3 华中师范大学教育“+AI”研究生人才培养案例

一、案例选择

(一)案例背景

当前,人工智能教育已经成为全球教育发展的显著特征和重要趋势,并对传统教育学科知识体系和研究范式提出了重大挑战,也成为新时代赋予师范大学的新使命、新担当。华中师范大学深入学习贯彻习近平总书记关于教育的重要论述,把教育信息化作为支撑引领教育现代化的龙头项目,将信息技术深度融合到教育教学全过程,通过对教学环境、内容、方法、评价的系统性重塑,创新构建信息化技术支持下的新型人才培养体系。华中师范大学从学校发展大局和事业发展长远出发,于2020年5月30日在全国高校中率先成立人工智能教育学部,是学校建设“学科特区”、实行综合改革的试点单位,致力于建设“人工智能+教育”领域国家技术创新中心。

(二)案例简介

华中师范大学人工智能教育学部以建成人工智能与教育深度融合的交叉学科创新高地,全面支撑学校教师教育改革创新为建设定位,以“服务需求、凸显高峰、融合创新、协同发展”为建设思路,以建设“人工智能+教育”集成攻关大平台、构建“人工智能+教育”复合型高水平人才培养模式、打造“未来教师”职前职后一体化人才培养体系、建设人工智能与教师教育创新服务改革示范基地为重点任务。

华中师范大学于2011年提出“一体两翼”发展战略,基于“4C”能力(批判性思维能力、交流能力、创新能力和合作能力)培养,将“信息化”和“国家化”作为学校发展的两只翅膀。在专业建设上(如图5.3所示),2016年响应国家经济社会发展对公民科技文化素养提升的强劲需求,开设科学教育专业;2018 年响应、落实国家大数据战略和国家急需专业技术人才培养需求,开设数据科学与大数据技术专业;2020 年对标国家智能教育重大战略需求,顺应人工智能等新技术变革,以建成“人工智能＋教育”集成攻关大平台为核心任务,成立人工智能教育学部,开设人工智能专业,通过对教学环境、内容、方法、评价的系统性重塑,创新构建信息化技术支持下的新型人才培养体系,力争打造“人工智能＋教育”领域交叉学科创新基地和人才培养高地。①

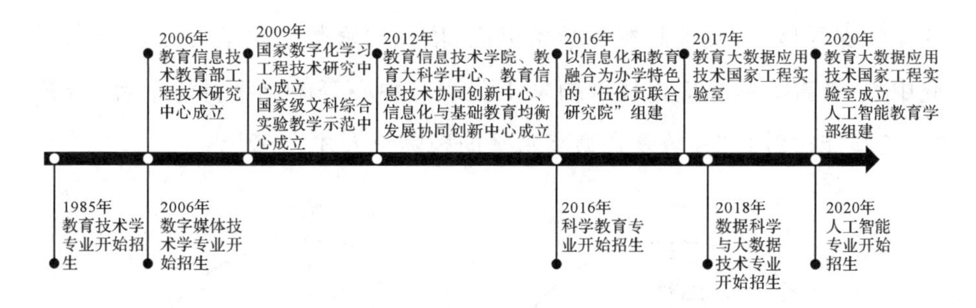

图 5.3　华中师范大学信息技术与教育融合的发展历程

二、案例特色

培养学科交叉复合型人才是人工智能发展的要义,也对高校知识能力架构、教学系统和保障机制提出了新的要求。华中师范大学紧扣实践性与创新型复合型人才培养导向,组建人工智能教育学部,以“人工智能＋教育”复合型高水平人才培养为核心任务,在信息技术、教育教学和科研深度融合上作出了大量尝试与探索。

① 本篇案例资料收集时间为 2022 年 6 月—2022 年 9 月,案例报告撰写时间为 2022 年 10 月。中华人民共和国教育部. 华中师范大学深度融合信息技术 重构本科人才培养体系[EB/OL]. (2019-06-27)[2024-01-21]. http://www.moe.gov.cn/jyb_sjzl/s3165/201906/t20190627_388031.html.

(一)重构培养体系,创新教育教学模式

(1)知识体系融合促进课程体系改革

人工智能的介入催生了新的知识生产方式,加快了知识的生产、访问和利用,促进了知识体系的调整优化。华中师范大学人工智能教育学部整合教育学、计算机科学等学科,重构培养体系。引进西安电子科技大学等高校的人工智能类课程,联合行业企业拟定人才职业能力认证培训标准,建立"人工智能+教育"领域关联课程体系。与澳大利亚伍伦贡大学联合创立华中师范大学伍伦贡联合研究院,引进伍伦贡大学信息技术领域优质的国际课程体系、质量监控和学术标准,依托国家数字化学习工程技术研究中心、教育大数据应用技术国家工程研究中心等国家级科研平台,培养"人工智能+教育"领域复合型高水平的国际化人才。

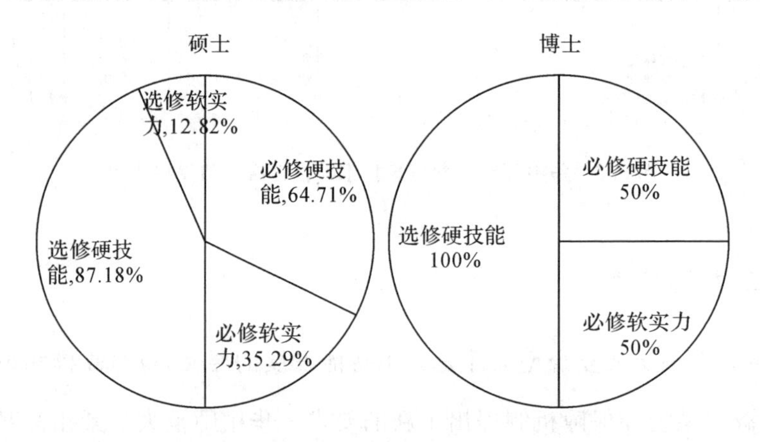

图 5.4 教育信息技术专业研究生课程比重

通过调整课程结构(见图 5.4),压缩课内学时学分,增加实验实践环节比重,打造"自主学、翻转教、教研相融"新形态,全面推进人工智能与教育深度融合,培养学生从事各类智能信息领域工程实践、教学与科学研究的能力,开展理论与实践并重的多元化人才培养。以学部教育技术学专业为例(见表 5.9),一方面兼顾算法、机器学习等人工智能"硬技能"与计算思维、批判性思维、人工智能应用伦理等"软实力"的培育,另一方面通过课程设置培育学生的教育理念、专业知识结构和专业能力以及综合素养,保证学生在有效掌握利用人工智能的同时,避免人工智能应用可能引发的社会和伦理问题,让人工智能赋能教育,而不是让教育被人工智能捆绑。

表 5.9 “人工智能+教育”复合型人才培养课程知识体系

课程类别	课程性质	课程内容	学分
通识教育课程	必修课	马克思主义基本原理概论、思想道德修养与法律基础、中国近现代史纲要、毛泽东思想与中国特色社会主义理论体系概论、习近平新时代中国特色社会主义思想概论、形势政策、大学生心理健康教育、大学生成长主题教育、大学英语、大学体育、信息应用能力、军事理论	38
	核心课	模块 1:数学与自然科学 模块 2:哲学与社会科学 模块 3:人文与艺术 模块 4:教育学与心理学	8
专业主干课程	学科基础必修课	新生研讨课、高等数学 A1、线性代数 A、计算思维、人工智能导论、高等数学 A2、离散数学 1、C 语言程序设计、C 语言程序设计实验、离散数学 2、概率统计 A、面向对象程序设计(C++)、数据结构、数据结构实验、算法设计与分析、数据库原理、计算机网络	49.5
	专业必修课程	脑与认知科学、知识图谱技术、机器学习、模式识别	10.5

续表

<table>
<tr><th>课程类别</th><th>课程性质</th><th>课程内容</th><th>学分</th></tr>
<tr><td rowspan="3">个性发展课程</td><td>专业选修课</td><td rowspan="3">专业英语、数据科学导论、教育技术学导论、教育信息处理、统计学原理、信息论与编码、数字图像处理、数值分析、大数据技术、最优化方法、时间序列分析、信息检索技术、多媒体技术、数字媒体应用与设计、Web 技术与应用、数据仓库理论与实践、计算机组成原理、微机原理与接口、操作系统、智能控制理论与方法、智能导学系统、教育测量与统计、数据挖掘、贝叶斯方法、统计分析与预测、数据可视化、人工智能数据处理(Python)、用户行为与数据分析、大型数据库技术与应用、分布式与并行计算、云计算技术与应用、推荐算法与应用、计算机视觉、深度学习、自然语言处理、物联网概论、机器人技术、信息安全与伦理、科技论文写作、英语口语听力强化课程</td><td rowspan="3">25</td></tr>
<tr><td>专业学术型选修课</td></tr>
<tr><td>交叉复合型选修课</td></tr>
<tr><td rowspan="7">实践教育</td><td rowspan="3">实践实验教学</td><td>专业见习、研习</td><td>2</td></tr>
<tr><td>专业实习</td><td>8</td></tr>
<tr><td>毕业论文(设计)</td><td>6</td></tr>
<tr><td rowspan="4">社群教育</td><td>大学生劳动教育</td><td>2</td></tr>
<tr><td>艺术实践教育</td><td>0.5</td></tr>
<tr><td>“四史”学习教育</td><td>1</td></tr>
<tr><td>科研项目训练、学科竞赛、专利、论文</td><td>4.5</td></tr>
</table>

(2)“人工智能+教育”专业群的构建与专家师资的组建

以人工智能为核心驱动，以数据科学与大数据、数字媒体技术两个专业作为应用支撑，以教育技术学和科学教育专业揭示教育规律和问题，自主增设“人工智能与教育”交叉学科硕博士学位授权点，形成多层次、多类型的培养体系(如图 5.5 所示)。为适应学生更加自主化的个性发展需要，学部设置专业学术型、交叉复合型等培养类型，从 2021 级开始探索实施微专业教育学习制度，对于选修专业主干课程达到 12 个学分的学生，颁发该专业的“微专业”教育学习证书。

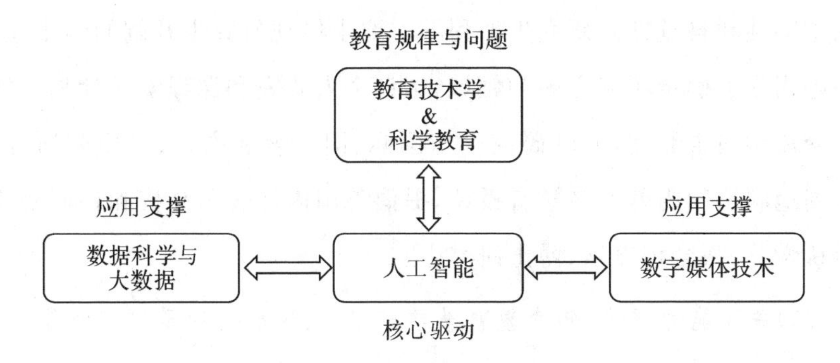

图 5.5 “人工智能＋教育”专业群

“人工智能＋教育”人才培养需要组建专业的师资队伍，围绕“人工智能＋教育”专业群的构建，学部对本、硕、博不同层次的人才培养工作进行了较为系统的导师组培养方案的探索。组建了包括国家级人才以及众多领域知名专家的多学科交叉人才队伍，吸纳了教育科学、智能科学、数据科学、认知科学等领域的校内外优秀专家、人才（如图 5.6 所示）。研究生培养采用导师负责与导师组集体培养相结合的方式，鼓励研究生学习期间积极申报科研项目，注重培养博士生的思维能力和创新能力，将科学研究贯穿于培养全过程。充分发挥导师指导博士研究生的主导作用，努力体现“以生为本”的办学理念和“因材施教”的教育思想，积极调动博士研究生学

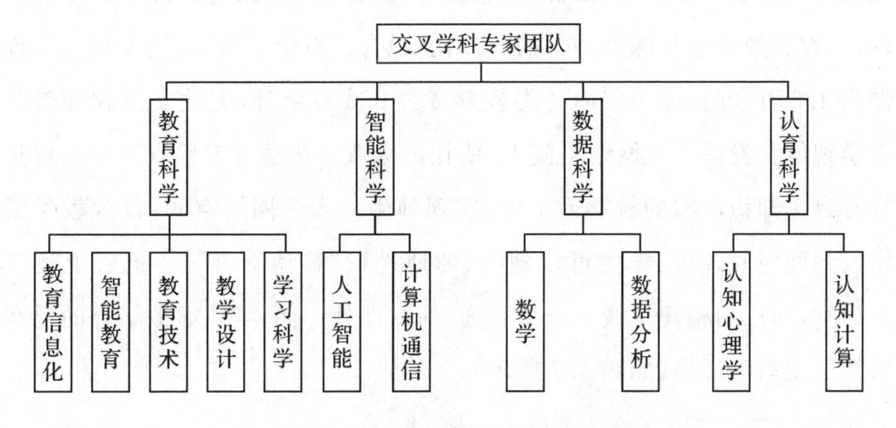

图 5.6 人工智能教育学部专家团队学科背景

习的主动性和自觉性。研究生课程学习要求体现研究生开阔的学术视野,在导师指导下确定研究方向和领域,制订个人研究和课程学习计划。实行学术交流和报告制度,鼓励研究生与国际、国内著名高校、科研院所互访。有计划地聘请国内外著名学者授课,提倡与国内外著名高校和科研院所互相承认学分,联合培养硕、博士研究生。

(二)关注能力评价、转变教育教学方式,实现科研教学双向赋能

华中师范大学人工智能教育学部富有创造性地构建了"能力培养牵引+数据驱动的过程评价+混合型教育教学"的"人工智能+教育"复合型人才培养模式,依托智能学习空间的打造,通过学习行为数据分析平台,帮助教师有效地实现了科研教学双向赋能的人才培养模式创新。

(1)转变教学空间,实现三元融合

华中师范大学提出了"物理—资源—社交"三空间融合理论。在物理空间上,在原有可视化群控管理智慧教室基础上,新建 141 间"云端一体化、互动多样化、模式多元化、学习协作化、行为可视化、管控智能化"的新型智慧教室,实现课堂多媒体内容呈现、即时师生互动、学习情境感知、自适应教学服务。在资源空间上,汇聚自主开发和引进的优质数字化课程向全校开放共享。在原有"云课堂"基础上,打造基于大数据、人工智能等技术,与教育教学过程深度融合的一体化、混合式教学平台"智能助教",开设课程 4.5 万余门,涵盖校内各类教育资源 220 万余种,有效支撑教师教育教学智能化发展。在网络空间上,依托国家数字化学习工程研究中心构建拥有自主知识产权的教学云平台,实现师生一人一网络空间,日常教学紧密围绕此空间开展,学生可以随时、随地进行"移动学习"。[①] 通过上述三方面举措,成功构建了线上线下打通、课内课外一体、实体虚拟结合的泛在式智能型教学环境(如图 5.7 所示)。

---

① 杨宗凯. 高校"互联网+教育"的推进路径与实践探索[J]. 中国大学教学, 2018(12): 14.

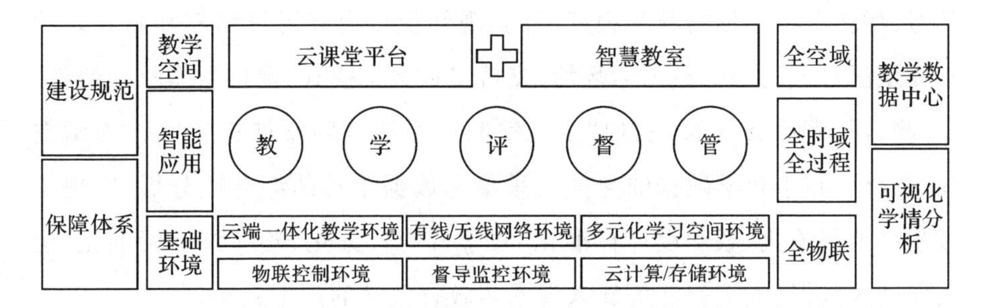

图 5.7 云端一体化教学空间

来源:华中师范大学.未来已来!在华师,遇见“人工智能+教师教育”[EB/OL].(2022-07-13)[2024-01-21].https://mp.weixin.qq.com/s/jWUk8Ps8mscX5ZvaZlXnpQ.

(2)改革教学评价方式,以结果评价为主转为以数据驱动的过程评价为主

华中师范大学人工智能教育学部以人才培养目标及专业能力标准为导向,以多元化评价和差异化评价促进学生发展,构建“以学生为中心”的课程教学实时评价体系。建立健全教学基本状态数据库,通过智能手机、平板电脑、数码笔等终端设备对学生在智慧教室的课内学习行为、云教学平台的在线作业和研讨、测验考试等多方面情况采集数据,为学情诊断、综合评价和学业规划提供支撑。基于云端数据分析结果,提升过程评价占比,平时成绩占比从20%~40%提升至50%~80%。[①] 改变了传统的侧重知识和技能的结果性评价体系,不再把学生的专业知识与专业技能作为唯一的评价指标,而是将自主管理、自主学习、自主合作、沟通协作创新等能力也列入评价体系。

(3)智能助教实现科研教学双向赋能

通过“智能助教”,全面管理学生的作业、自主学习等任务,全方位可视化呈现学生学情、课程画像、课堂教学轨迹、个人画像,全面支持小组合作

① 中华人民共和国教育部.华中师范大学深度融合信息技术 重构本科人才培养体系[EB/OL].(2019-06-27)[2024-01-21].http://www.moe.gov.cn/jyb_sjzl/s3165/201906/t20190627_388031.html.

学习、翻转学习等创新教学模式，并实现知识传递和思维培养相融合。旨在提供泛在式的混合教与学环境，支持多种教学模式，提供数据驱动的教、学、测、评、管服务体系，实现“个人空间＋小组空间＋课程空间＋课堂空间”融合。基于教学数据的伴随式采集和数据驱动的综合性分析，实现了教学理论具象化、教学设计标准化、教学行为数据化、教师评价精准化，全面促进大数据、人工智能等新兴技术与教育教学的深度融合。①

（三）创新机制体制改革，完善人才培养保障体系

（1）组织架构

华中师范大学面向未来教育发展需要，整合教育大数据应用技术国家工程研究中心（国家数字化学习工程技术研究中心）、教育信息技术学院、伍伦贡联合研究院、教师教育学院等 4 个二级建制教学科研单位以及 12 个国家、省部级科研、教学平台和其他机构的优质资源，组建人工智能教育学部。教育资源共享机制上，学部与全球 70 多个国家或地区 150 多所高校和教育机构建立合作伙伴关系，现有各层次、各类型学生境外交流项目 92 个。学部打破学科壁垒，打造校企校地联合、产教融合模式，探索“大学—政府—企业”三方合作的培养模式。

（2）“学科特区”建设

华中师范大学人工智能教育学部创新机制体制改革，以建成人工智能与教育深度融合的交叉学科创新高地为定位，以建设“人工智能＋教育”集成攻关大平台为重点任务，是学校建设“学科特区”的试点单位。

管理体制上，学部设立理事会、发展战略专家委员会和学术委员会，由校长担任理事长，“人工智能＋教育”领域校外专家担任发展战略专家委员会主任，教育信息化领域校外专家担任学术委员会主任，副校长担任部长，搭建“校、部上下贯通，校内、校外协同”的协同治理结构，为学部“高位嫁

---

① 华中师范大学. 未来已来！在华师，遇见“人工智能＋教师教育”[EB/OL].（2022-07-13）[2024-01-21]. https://mp.weixin.qq.com/s/jWUk8Ps8mscX5ZvaZlXnpQ.

接、高起点”建设提供坚实的组织依托和制度保障。放权机制上,学校最大限度赋予了学部自主权,在人才引进、学科建设、办学空间、人才培养、研究生招生、科研评价、成果转化及条件保障等方面给予政策倾斜。用人制度上,学部实施“内培外引”策略,采取“固定+协同”的用人模式,吸引相关学科和学院的教师“双向选择、自由加入”学部平台,围绕目标任务采取“双聘”制、合作制、项目制等多种“柔性引进”的方式,吸引教育科学、智能科学、数据科学、认知科学等领域的校内外优秀专家、人才团队作为项目组负责人和成员,组建联合团队,开展协同科研攻关与技术合作。

学校通过一系列组合的政策和制度设计,最终目的是让“学科特区”切实发挥出改革“领头雁”的示范效应,带动更多学科和学院围绕“双一流”建设目标,深化综合改革,最大程度激发学术创新活力,探索形成独具特色的现代大学治理体系。

三、案例小结

华中师范大学通过“人工智能教育学部”搭建大平台、组建大团队,打造人工智能教育领域人才培养、科研创新以及智库研究新高峰,将建成人工智能教育创新引领基地。人工智能教育学部注重顶层设计,从六个维度对整个“人工智能+教育”人才培养体系进行构建(见图5.8)。(1)修订培养方案,构建以学生为中心的人才培养模式。教学方式上,全面开展线上线下相结合的研究型教学,倡导讲授、研讨课时比“2∶1”的教学组织形式。强化基于大数据的学习过程考核(平时成绩可占50%~80%),建设数字化课程资源,实现所有必修课网上开课。(2)重构教学环境,实现三空间深度融合。通过改造物理空间、拓展资源空间、构建社交空间,打造了线上线下打通、课内课外一体、实体虚拟结合的教学创新环境。(3)组建跨学科教师团队,提升教师信息化教学能力。组建了包括国家级人才以及众多领域知名专家的多学科交叉人才队伍,吸纳了教育科学、智能科学、数据科学、认知科学等领域的校内外优秀专家、人才。通过开展分阶段针对性进阶培训,提升教师信息化条件下的教学能力。(4)丰富教学资源,提供更加开放的教育。通过自建、引进、共享三种方式汇聚优质资源,显著提升资源规模和质量,并依托自主研发的云+端教学平台实现所有课程在校内开放共享。(5)创新教学方法,推广混合课堂教学。以先进的教学环境和优质的教育资源为基础,大力推行讲授与研讨结合、线上与线下一体的混合式教学模式。(6)改革评价方式,开展基于数据的综合评价。自建教学基本状态数据库,通过线上线下多种渠道采集学生学习过程数据,为学情诊断、综合评价和学业规划提供支撑,实现基于数据的过程性、发展性评价。

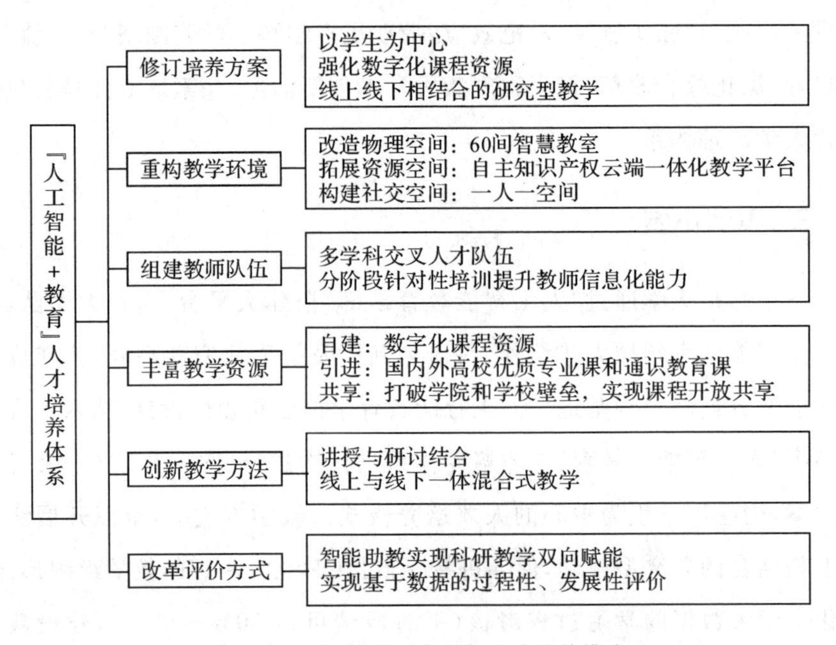

图5.8 人工智能教育学部人才培养模式

5.4 杭州科技职业技术学院物联网应用技术专业人才培养案例

一、案例选择

(一)案例背景

进入21世纪后,人工智能迎来了第三次发展浪潮,实现了与产业的连接,成为新一轮科技革命和产业变革的核心驱动力。人工智能技术以其强大的赋能性促进各行各业的发展。随着智慧交通、智慧海洋、智慧城市、智慧工厂等越来越多的出现,人工智能技术进入多样化应用场景,使得产业对于人才的需求发生变化。小到工厂内简单重复性的工作由机器替代人工,增加了工人智能设备使用能力的需求,大到基础科学研究场景中人工智能技术的应用使取得重大突破成为可能,如AlphaFold2预测蛋白质结构的速度与准确性远超科学家在该领域的研究成果,对拔尖创新人才的复合型知识和能力提出了挑战。“智能＋”产业背景下,社会对于人才的需求发生了转变,人工智能相关的技术技能型人才是推动产业发展的重要力量之一。

我国人工智能人才数量缺口大,不仅在高端人才方面,在应用型、技能型人才方面也存在着无法满足产业需求的问题。职业教育的一大优势在于紧扣国家经济社会发展需求,对市场反应灵敏度高。早在2019年教育部发布《普通高等学校高等职业教育(专科)专业设置管理办法》确定将人工智能技术服务作为高职院校增补专业之前,便有几百所高职院校开设了大数据技术与应用专业、物联网技术与应用专业、云计算技术与应用专业来应对产业发展对人才提出的新需求,这也是高职院校进行人工智能技术应用专业建设的基础。

(二)案例简介

杭州科技职业技术学院是杭州市人民政府主办的一所普通高等职业院校,其物联网学院开设了物联网应用技术、人工智能技术应用、工业互联网应用、电气自动化技术、应用电子技术等5个专业,物联网应用技术专业属于央财支持重点建设专业、市新型专业。物联网学院在师资、课程、实训基地、产教融合等方面都有着一定的优势。学院实行IT与OT(信息技术与自动化技术)融合培养创新型、复合型、高素质技术技能人才,以提高人才培养质量。[①]

物联网应用技术专业的培养目标为面向物联网应用行业工程实施一线,培养具有物联网技术项目规划与实施、运营维护能力,兼具物联网技术项目方案规划设计、技术支持与服务能力的高素质复合型技术技能人才。[②] 本案例研究将聚焦这一专业,分析人工智能相关技能型人才培养模式。

二、案例特色

(一)从典型工作任务出发构建课程体系

课程体系是进行人才培养的关键,物联网应用技术专业根据学生毕业后在工作中将要承担的典型工作任务,确定学生在校内需要养成的职业能力,进而确定主要教学内容,再对教学内容进行一定的组合和设计,形成课程体系(见图5.9)。通过这样细致的解构与划分,在课程设计上能够更加具有针对性,更有利于培养进入工作岗位能够快速上手的人才。除此之外,这些课程也对应支撑了学生获得物联网工程师、高级物联网工程师、

---

① *本篇案例资料收集时间为2023年3月—2023年6月,案例报告撰写时间为2023年9月。物联网学院. 学院简介[EB/OL]. [2024-01-21]. https://www.hzpt.edu.cn/Information_engineering/1563/list.htm.

② 物联网学院. 2019级物联网专业群人才培养方案[EB/OL]. (2021-07-03). [2024-01-21]. https://www.hzpt.edu.cn/Information_engineering/2b/74/c1569a76660/page.htm.

CAD绘图员证书、可编程序控制系统设计师等职业资格（技能）证书以及作为参与相关技能比赛的基础。

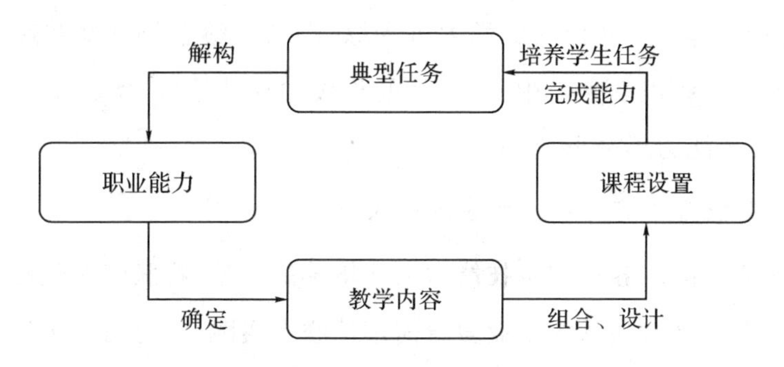

图 5.9 课程体系设置逻辑

物联网应用技术专业课程体系对于学生的培养关注其进阶性、实践性、综合性，包括了公共基础课、平台课、专业技术模块、专业实践模块、综合实践等模块，其中实践教学学时占总学时比例高达 65.6%（见表 5.10）。

表 5.10 物联网应用技术专业部分课程

平台课	专业技术模块	专业实践模块	综合实践
单片机技术应用 物联网产业导论 电子技术基础 电路与电工基础 传感器技术与应用 计算机辅助设计	嵌入式技术与应用 智能电子产品演示技术 智能电子产品营销与策划 低功耗广域网技术应用 物联网项目规划与实施 短距离通信及组网技术	电子线路 CAD 实践 物联网业务管理与运维 综合布线系统实践 嵌入式技术实训 物联网工程的构建与实施	毕业设计 物联网工程 综合实践 顶岗实习

资料来源：物联网学院. 2019 级物联网专业群人才培养方案[EB/OL].（2021-07-03）[2024-01-21]. https://www.hzpt.edu.cn/Information_engineering/2b/74/c1569a76660/page.htm.

在大一阶段，以学为主，帮助学生进行职业岗位入门，这一阶段中课程主要以公共基础课和群平台课为主，希望培养学生的逻辑思维能力和计算能力；在大二阶段，学、做、练共同进行，通过专业核心岗位知识的学习以及应用逐渐形成岗位的核心能力，培养学生的自主学习、发现问题、解决问题的能力。在大三阶段，研、做、创成为主要关注点，这一阶段中学生职业岗位能力趋向成熟，通过专业综合岗位技术与技能的练习培养学生较强的团队合作、交流及组织协调能力。随着三个阶段的演进，学生从形成基础能力到掌握专业能力，从模块的学习进入综合实践，整个教学也在逐渐由以教师讲授为主到以学生为中心，学生的积极主动性增强、实践操作能力提高、自主思考能力逐渐形成。

（二）以能力培养为中心的多维度保障

实践能力的培养是技术技能型人才培养的关键，物联网学院格外重视其培养。院长金文兵认为职业教育需理论联系实践，针对高职学生的特点采用教、学、做一体教学。① 在教学方法方面，物联网学院积极开展教学改革，探索项目教学、案例教学、情景教学、工作过程导向教学等教学方法，融入混合式教学、理论实践一体教学、模块化教学理念，提倡信息化教学方法，提高教学效率和教学质量。② 在学生评价方面结合多种评价方式，突出对能力的考核评价，体现对综合素质的评价。

为了配合多种教学方法的进行以及学生实践能力的养成，物联网学院为不同课程配置了不同教室，包括含多媒体的普通教室、实验/实训室、专业岗位场地等。很多课程把课堂搬进实验室中，教师可以通过直观易懂的实验演示方式来进行授课，学生也可以在教师的指导下进行动手操作。在实训室方面，根据不同实训项目开设了 18 个实训室（见表 5.11），设备齐全且配备数量较多，能够满足每一位学生的实践需求。

---

① 九三学社. 金文兵：让职业教育成为共同富裕“加速器”[EB/OL].（2022-09-15）[2024-01-21]. http://www.hzjs.org.cn/proscenium/show/4307.

② 物联网学院. 2019 级物联网专业群人才培养方案[EB/OL].（2021-07-03）[2024-01-21]. https://www.hzpt.edu.cn/Information_engineering/2b/74/c1569a76660/page.htm.

表 5.11 物联网学院部分实训室

实训室名称	专业开设实训项目	主要设备(设施)
嵌入式技术实训室	嵌入式系统应用实训	物联网科研教学实验系统
综合布线实训室	网络综合布线实训	网格综合布线架
单片机及嵌入式实训室	单片机及嵌入式系统应用	台式电脑、单片机仿真器、实验箱
传感器及测量实训室	传感器应用实训	传感器实验台、台式电脑
可编程控制器实训室	可编程控制器实训	可编程控制实训台、电脑
物联网＋3D 打印创客空间	物联网＋3D 打印创新应用	3D 打印机、台式电脑
无人机虚拟仿真实训室	物联网系统应用	无人机虚拟仿真系统、无人机地面站系统、电力巡检 VR 系统
智能家居实训室	智能家居应用实训	利尔达物联网家居系统
智能车库实训室	智能交通应用实训	智能车库管理系统

资料来源:物联网学院.2019 级物联网专业群人才培养方案[EB/OL].(2021-07-03)[2024-01-21].https://www.hzpt.edu.cn/Information_engineering/2b/74/c1569a76660/page.htm.

在校外实训上,物联网技术学院积极推动校企合作,通过产教融合为学生提供在真实的工作环境中综合运用所学知识与技能的机会。物联网技术学院通过与国家电网公司、西力电能表制造有限公司、富春江通信集团有限公司、爱可生科技有限公司、法格电子有限公司等进行合作设立实训基地,学生将在其中进行毕业综合实践和顶岗实习。通过在高新技术企业中的实践经历,不仅使学生能够进行一线简单的技术工作,还加强了学生新技术应用能力的培养,可提高学生未来的竞争力。

三、案例小结

高等职业院校是培养高技能型人才的基地,杭州科技职业技术学院物联网技术应用专业面向物联网应用行业工程实施一线,培养高素质复合型技术技能人才(见图 5.10)。在课程体系上,物联网应用技术专业从学生未来进入工作岗位中需要完成的工作任务出发,解构学生职业能力,进而进行教学内容和课程体系的设置,形成了公共基础课+平台课+专业技术模块+专业实践模块+综合实践的课程体系;大一阶段以学为主,大二阶段学、做、练综合,大三阶段研、做、创结合,从以教师为主逐渐向以学生为中心,培养学生的自主动手能力、主动思考能力,学生的职业岗位能力逐渐成熟。在实施保障方面,物联网技术学院积极探索项目教学、案例教学、情景教学、工作过程导向教学等教学方法,以更好地实现人才实践能力的养成,并在学习评价中突出能力的考核评价;将课堂搬进实验室中,物联网技术学院设置了多个校内实训室,面向不同实训项目配置设备,为学生提供了更多动手操作的机会;还与多家企业合作设立了实习实训基地,学生可以在其中进行毕业综合实践和顶岗学习。

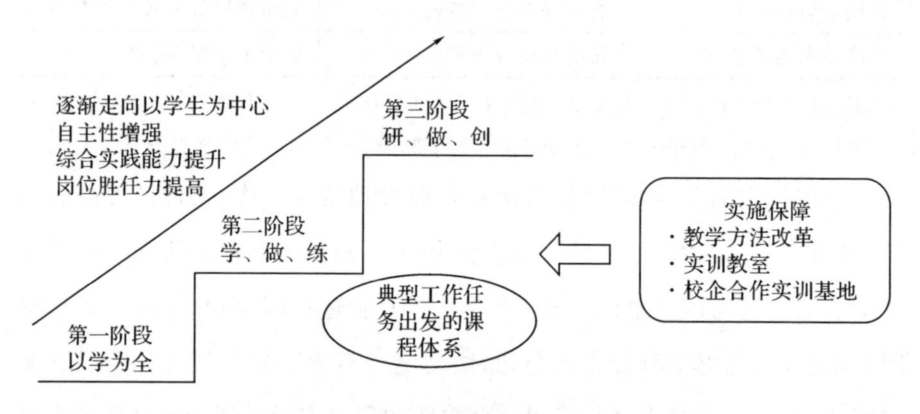

图 5.10 杭州科技职业技术学院物联网技术应用专业人才培养

5.5 微软新一代人工智能开放科研教育平台案例[①]

一、案例选择

(一)案例背景

为响应国家人工智能战略规划以及教育部关于人工智能相关建设与发展的号召,在教育部的指导下,从2018年起微软亚洲研究院与中国高校紧密合作,共建新一代人工智能开放科研教育平台,即智新平台,以助力中国新一代人工智能领域科研成果的迸发,促进高端科技人才的培养及共享科教生态的建立。

2018年5月22日,智新平台于微软亚洲研究院正式对外发布,面向中国高校开放合作。经过一年的建设,30所高校通过智新平台与微软开展了技术交流、联合科研、课程共建、师资培训等合作。2019年5月10日智新平台合作论坛在北京举行;智新平台整合了微软亚洲研究院的很多资源与技术开放给中国高校,以支持学校/学院开展人工智能领域的科研与教育。微软将不遗余力地借助智新平台,将最新的人工智能资源分享给合作者,为中国人工智能领域的科研和教育工作添砖加瓦,推动中国科技后备力量的建设。

(二)案例简介

智新平台是在中华人民共和国教育部指导下,微软亚洲研究院联合北京大学、中国科学技术大学、西安交通大学和浙江大学率先发起建设的,服务中国人工智能领域科研与教育事业的合作平台体系。秉承着开放互通是基础、服务科研和教育是核心、共享共赢是未来的理念,智新平台面向中

---

① 本篇案例资料收集时间为2022年1月—2022年5月,案例报告撰写时间为2022年6月。

国高校提供计算平台、算法与工具、数据和课程这四大核心资源和服务，开展联合科研、课程共建、师资培训、实习实训和国际交流等各项合作，旨在构建开放、开源的中国人工智能科技创新与教育合作体系，助力中国新一代人工智能领域科研成果的迸发，促进高端科技人才的培养与共享科教生态的建立。

二、案例特色

（一）平台生态建设特色

（1）依托智新平台，实现数据开放调配

人工智能的发展离不开计算能力和资源，基于智新平台的合作框架，微软推出了国内首个针对深度学习领域的开放开源的人工智能管理和调度平台——Open Platform for AI（OpenPAI）。加入智新平台参与合作的高校可以获取：高校、学院、实验室可借助 OpenPAI 构建自己的人工智能基础支撑平台，发挥其开放、开源、兼容、稳定的特性、模块化的系统架构和丰富的资源，面向校内师生提供人工智能领域的创新科研和教育服务支持工作。

（2）聚焦前沿算法，助力科研成果

除了基础层技术平台，人工智能领域中间技术层和深入业务的人工智能上层应用也是人工智能领域技术架构图中的另外两层关键技术。微软致力于将最前沿的算法、工具和集成开发环境持续不断地开放给学术界和产业界。加入智新平台参与合作的高校可以获取：最新的开源算法和工具，助力师生研究、开发和测试新的算法，让科研成果产生更大的价值和影响力；他们也可同时参与微软相应算法和工具的进一步研究与开发。

（3）开放数据集，实现科研教育合作

数据是支撑人工智能领域科教发展的重要一环，微软将开放自身人工智能领域的数据集供合作高校进行科研和教育引用，智新平台还将整合高校各自领域的数据集,如中国科学技术大学国家类脑实验室中的海量类脑数据。加入智新平台参与合作的高校可以获取:借助微软与合作高校共享的人工智能领域数据集,合作高校的师生可围绕数据开展相关领域的研究和教学工作;针对合作高校,积极展开相关数据集的联合科研、数据集扩展、技术竞赛等多项合作。

(4)模块化课程体系,夯实人工智能基础

人才是人工智能领域发展的重要基石,微软将整合自身人工智能的技术和专家资源,兼顾理论与实战,开发并开放一系列人工智能模块化课程,并提供来自真实场景的实践案例;平台还将集合微软与高校的专家资源,共同合作开发一系列具有推广和示范性意义的、切合新时代教学理念的人工智能课程,如表5.12所示。加入智新平台参与合作的高校可以获取:人工智能系列课程资源和教学大纲,帮助老师制定人工智能专业培养方案和相关课程;加入教育开放社区,从不同维度帮助高校对接企业资源,更加深入地开展人工智能教育合作。

表5.12 智新平台人工智能课程

A.基础教程	B.实践案例	C.实践项目
1.Python与基础知识	1.初级实战案例	1.2020年
2.神经网络基本原理	·计算机视觉	·AI _UCI心脏病
3.神经网络高级模型	·自然语言理解	·SP _NNI
4.经典机器学习算法	·语言识别	2.2021年
5.现代软件工程	2.中级实战案例	·基于Qlib的案例创新
6.人工智能系统	·计算机视觉	·手写算式计算器
7.强化学习	·自然语言理解	·订制一个新的张量运算
	·游戏AI/强化学习	3.2022年
	·预测股票走势	·AI音乐创作
	3.高级实战案例	·CUDA实践和优化
	·基于深度学习的代码搜索案例	
	·中文文本蕴含深度学习模型	

A 模块是人工智能学习的理论教程集合,包括课程详解和代码示例,帮助学习者从入门到精通神经网络的原理,并通过一系列代码实践讲原理应用于实际问题的解决。B 模块以“做中学”的理念为核心,从人工智能真实的应用场景与案例出发,先讲生动的案例,配合翔实的实际操作说明,然后在动手实现场景的基础上,逐步引入人工智能学习中的相关理论知识,以递进学习的新颖方式层层剖析人工智能开发的主流场景,让学生在不需要大量时间学习庞大的理论基础的情况下,也可以真正动手开始进行人工智能应用的开发,提高实际动手的能力。C 模块是实践项目荟萃,会定期发布和微软开源研究内容相关的实践项目,鼓励学生参与其中。

(5)阶梯化认证体系,深化巩固能力体系

微软智新平台的 AI 工程师认证体系(见表 5.13)呈阶梯式能力认证体系,精准定位 AI 工程师学习能力,分为初级 AI 工程师认证、中级 AI 工程师认证。

表 5.13 微软 AI 工程师认证

证书名称	测评能力点
Microsoft Certified:Azure-AI Fundamentals	描述 AI 工作负载和注意事项(15%~20%) 描述 Azure 上机器学习的基本原理 (30%~35%) 描述 Azure 上计算机视觉工作负载的特性 (15%~20%) 描述 Azure 上自然语言处理 (NLP) 工作负载的特性 (15%~20%) 描述 Azure 上对话式 AI 工作负载的特性 (15%~20%)
Microsoft Certified:Azure-AI Engineer Associate	计划和管理 Azure 认知服务解决方案 (15%~20%) 实现计算机视觉解决方案 (20%~25%) 实现自然语言处理解决方案 (20%~25%) 实现知识挖掘解决方案 (15%~20%) 实现对话式 AI 解决方案 (15%~20%)

（二）平台特色项目

为了支持基础研究、培养科研领域高素质人才，微软亚洲研究院自1998年成立以来，先后与中国14所一流高校开展博士生联合培养项目，力图为优秀的中国研究生提供在中国本土的世界级研究环境。在高校和微软亚洲研究院双方导师的共同指导下，联合培养博士生参与世界一流的研究工作，并在各自领域取得了一系列斐然的学术成绩。西安交通大学与微软亚洲研究院自从1998年以来，就开始了联合培养博士生的探索，2018年起，双方再启联合培养项目的新高度。截至目前，已经有14名优秀学生进入该项目，其中已经毕业的3位博士生均已在行业内取得很高的成就。

(1)建设目标

“联合培养博士班要做的，就是充分发挥微软的研究资源优势，为学生们的成长成才创造好的环境，让他们在世界一流研究员的指导下进入科研角色，学会寻找并独立地追求自己的事业，为他们提供一个从学生变成学者的跳板。”微软亚洲研究院学术合作部中国区经理马歆说。[①]

联合培养博士生项目是微软亚洲研究院与高校合作培养创新研究人才的一种探索。各高校的优秀研究生可以通过在研究院四年的访问学习，在资深研究员的指导下，挑战计算机领域的研究难题。希望联合博士生们在微软亚洲研究院的平台上，抓住参与研究院前沿研究项目的机遇，做出世界一流的研究，努力成为中国计算机产业的杰出人才。

(2)建设内容

人工智能基础课程建设。通过学校与企业深入合作，将微软亚洲研究院人工智能领域的前沿技术及实践平台资源引入高校相关课程建设，以能力培养为核心，注重教学效果和人才培养质量，立足改革，着力创新，构建人工智能基础课程的立体化现代教学体系，培养世界一流的新一代人工智

---

① 微软亚洲研究院.联合培养博士生项目[EB/OL].[2024-01-21].https://www.msra.cn/zh-cn/connections/academic-programs/joint-phd.

能学术人才。

“人工智能+”交叉学科建设。通过学校和微软亚洲研究院的开放合作，支持高校新工科范畴下的各项工作，合作共建更广泛、有效的人工智能生态系统，为“人工智能+”交叉学科课程建设提供服务和支持，为中国先进专业领域的科学技术（如地球系统科学、环境科学、计算生物学等）创新发展及其产业合作提供实质性帮助。

计算机系统能力培养。面向中国高校计算机专业相关院系，借助微软亚洲研究院的前沿技术、实践环境、开放平台，探索并实践适合本校学生的系统能力培养方案，强化、提升学生系统级的设计、实现和应用能力，适应未来新经济和智能时代的工作需求，培养具备国际竞争力的高素质复合型新工科人才。

（3）联合培养模式

由微软亚洲研究院和西安交通大学双方导师共同选拔优秀的大三学生，在大三下学期完成选拔工作。

培养方案制定。双方导师基于联合科研方向，结合入选学生兴趣，共同为学生制定联合培养方案。学生培养计划的安排需要满足西安交通大学毕业的要求，同时兼顾双方科研及项目的需求。

科研起步。大四期间进入联合培养博士生项目的同学要首先取得保研资格，进入微软亚洲研究院后在微软导师指导下开始科研工作，同时在微软亚洲研究院完成学校需要的课程和学分要求，以及大四的毕业设计和论文等工作。

联合培养博士生阶段。博士第一年在学校修课，第二年开始在双方导师的指导下进行科研。为确保联合培养质量，学生在微软培养时间应不少于3年，且博士二年级要在微软进行培养。确保双方合作的连续性，在读联培项目同学不得无故更换导师及方向，主动更换导师的行为视为退出联合培养项目。截至目前，已有百余名优秀的国内研究生加入联合培养项目，毕业生或任职于国内外知名高校，在学术界崭露头角[1]；或在工业界进行产研结合，推动前沿研究成果向产品的转化。10年来，联合培养博士生项目整合高校和微软亚洲研究院双方优势资源，在探索计算机领域创新人才的道路上踏出了坚定而有效的步伐。

三、案例小结

智新平台面向中国高校提供计算平台、算法与工具、数据和课程这四大核心资源和服务，开展联合科研、课程共建、师资培训、实习实训和国际交流等各项合作，旨在构建开放、开源的中国人工智能科技创新与教育合作体系，助力中国新一代人工智能领域科研成果的迸发，促进高端科技人才的培养与共享科教生态的建立。智新平台大致生态图如图5.12所示。

5.6 百度AI Studio实训社区案例[2]

一、案例选择

（一）案例背景

百度一直积极布局“人工智能＋X”复合型人才培养生态，以百度飞桨为核心，围绕学习、就业、认证、实践、比赛等环节，将高校科研人才与企业应用人才培养紧密结合，综合素质与实践能力培养双管齐下，创立AI人才培养标准，构建产教融合的AI人才培养体系。目前，百度已经为AI行业培养了近200万人才，未来还将持续加大投入力度，面向高校推动校企联合、产教融合，提供全套教学资源包、亿元算力支持，与高校共建课程体系、

---

① 微软亚洲研究院，联合培养博士生项目[EB/OL].[2024-01-21]. https://www.msra.cn/zh-cn/connections/academic-programs/joint-phd.

② 本篇案例资料收集时间为2022年1月—2022年5月，案例报告撰写时间为2022年6月。

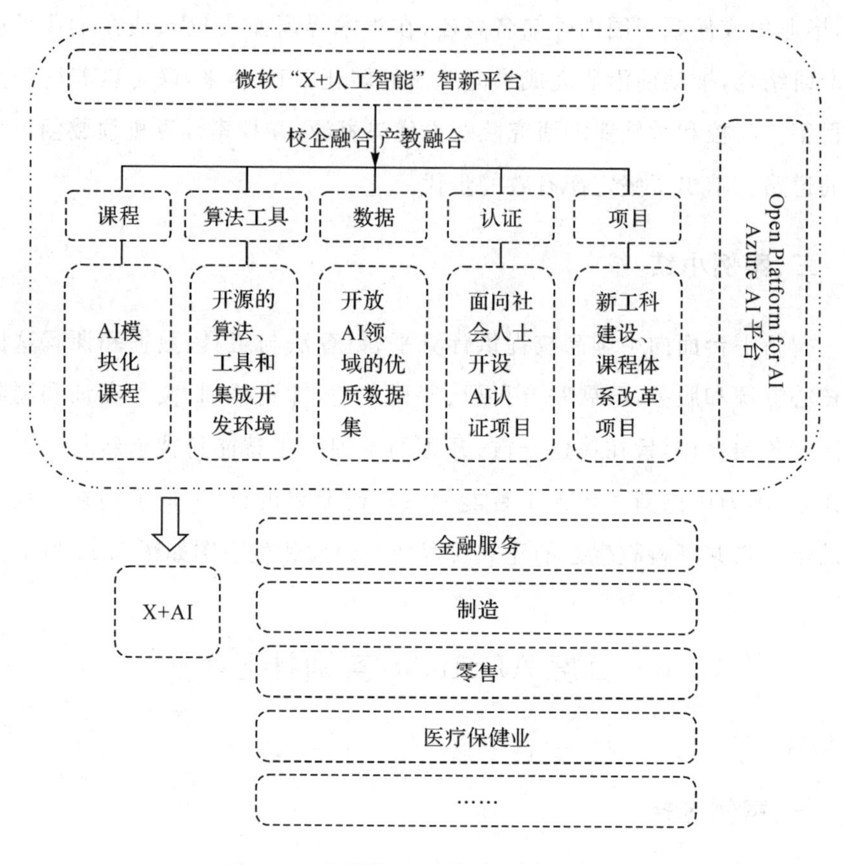

图 5.12 微软“X+AI”智新平台生态图

出版 AI 教材，举办高校师资培训班、各类 AI 竞赛等，全方位助力 AI 人才培养体系的构建，实现为社会培养 500 万 AI 人才的战略目标。

（二）案例简介

本文以百度举办的相关赛事为切入点，以比赛所代表的最终评价标准为人才培养目标，搭建 AI Studio 实训社区平台为保障，全过程涵盖课程体系建设、师资力量、专业技能认证等多维度服务体系，将科研、教学、项目、比赛打通，比赛能够对百度 AI 人才培养成果进行一定程度的检验，以期达到打造覆盖人工智能全行业的高质量复合型、创新型、应用型人才的最终目标。

二、案例特色

(一)培养目标

百度的人才培养目标是:培养既懂得创新又懂得业务逻辑、能够开创性地把新技术引入业务当中解决问题的复合型AI人才,来进一步推进智能化发展,为产业转型升级、创新变革提供动力支持。需要大量具备“跨界”知识结构和能力素养的人才,这对AI人才的学习力、创新力和跨学科能力提出新的要求,在深耕专业基础的同时,还要具备宽口径的解决复杂问题能力,即需要具备“业务能力”和“工程能力”。

(二)培养平台

AI Studio实训社区着力为推进高校快速建立人工智能专业及人工智能人才培养和就业提供生态环境,包括教学、科研、人才拓展、应用场景等多个方面的服务体系,涵盖机器学习、计算机视觉、自然语言处理、语音识别等多个领域,将项目应用开发和教学科研紧密结合,打造覆盖人工智能全行业的高质量复合型、创新型、应用型人才。AICA首席AI架构师培养计划广泛引入了百度AI领域的顶级技术专家、产业应用经验和生态赋能资源,以推动树立产业AI人才培养标准,助力产业解决高端复合型AI人才培养的难题。

(三)培养方式

1. 举办赛事

面向高校,飞桨组织开展了多项“国字头”重要赛事,以下赛事均已被列入中国高等教育学会“全国普通高校大学生竞赛排行榜”,包含教育部高等学校自动化类专业教学指导委员会主办,清华大学承办的“全国大学生智能汽车竞赛”,由全国高等学校计算机教育研究会主办,浙江大学、百度公司联合承办的“中国高校计算机大赛——人工智能创意赛”(简称C4),

由工业和信息化部、教育部、江苏省人民政府共同主办的“中国软件杯”大学生软件设计大赛，以北京语言大学为法人单位主办的“中国大学生计算机设计大赛”(简称4C)等。

以“中国高校计算机大赛——人工智能创意赛”为例，竞赛分为赋能组(EasyDL/BML)、创新组(飞桨)和航天组(飞桨)三个组别，每支参赛队伍可根据自身兴趣及技术能力基础任意选择组别参赛，同一参赛队员(队伍)只允许报名参加一个组别。[①] 赋能组参赛要求：参赛者可自行选择技术创意创新应用场景，或基于对某一行业的洞察，开发有降本增效作用的模型，要求参赛作品须使用EasyDL零门槛AI开发平台或者BML全功能AI开发平台进行模型训练，通过实现模型到端的集成，生成的模型需要解决该场景下的具体应用或通用问题。创新组参赛要求：参赛者须具备一定的深度学习基础知识，可自行选择技术创意应用场景，要求参赛作品须基于飞桨开源深度学习平台进行深度学习创意应用开发，作品形式包含但不限于算法优化源代码对比、智能终端(如智能手机、机器人、软硬件一体机等)应用等。航天组参赛要求：参赛者须具备一定的深度学习、航空工程基础知识，需要围绕航空航天领域相关应用场景，要求参赛作品须基于飞桨开源深度学习平台进行深度学习航天应用开发，作品形式包含但不限于算法优化源代码对比、智能终端(如机器人、软硬件一体机等)应用等。

各项赛制可以对人才培养成果进行一定程度的检验，基于以下几个维度进行评估，见图5.13。其中，选题定位能力考察点为创意与独创性、落地转化可行性；社会价值能力考察点为用户需求贴合度、效率提升的明确表现、市场价值及推广性；技术能力考察点为技术综合能力、平台的掌握程序、任务处理效果；材料规范性能力考察点为模型源代码、注释的规范性及质量优良度以及资料齐全性，逻辑清晰性，重点是否突出。

---

① 中国高校计算机大赛——人工智能创意赛.大赛规程[EB/OL].[2024-01-21].http://aicontest.baidu.com/.

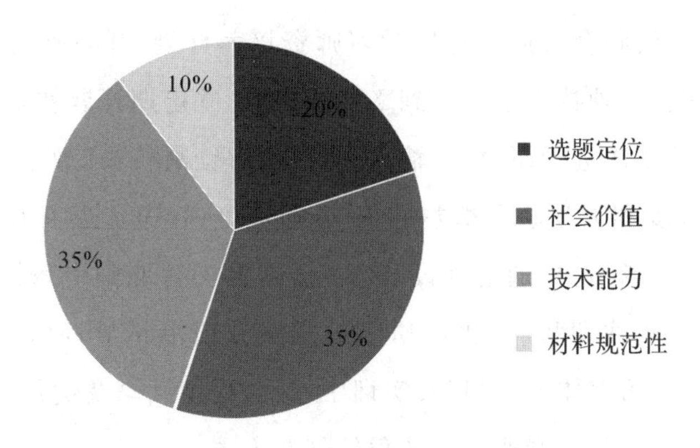

图 5.13 百度 AI 相关大赛评审规则

2. 课程体系

学生在选择参与各项 AI 赛事之前,可以通过 AI Studio 实训平台参与对应的课程训练,为参赛起到一定的铺垫作用。

百度提供三位一体的课程共建方案,打造了企业官方课程、名师经典课程、校企共建课程三大课程模块。在开课资源共享方面,提供全套课程体系、课件 PPT、实践案例、教学视频、高校合作专业教材等;在实践平台方面,提供免安装的实践环境,完善的班级管理功能,免费的 GPU 资源;在与高校协同育人方面,支持高校实践创新、教学创新,开设校企共建课程项目。AI 专题课层次分明,在线实训环境简单易上手,企业级应用的课程内容,这三者融会贯通,是 AI Studio 实训社区课程体系建设的三大板块,能够为学生提供高质量的实践及前沿指导,将产业理念、技术、资源整合到培养体系、课程及实训中,最大程度共享及优化配置产教资源,培养高素质和具有产业应用视角的创新人才。

3. 师资队伍

与各项赛事配套的核心课程主要由百度自身杰出的架构师、飞桨产品负责人以及全国著名计算机专业高校教授、研究员组成。另一方面,在师资力量培养上,积极推进校企优势互补,补齐 AI 师资培养短板,百度飞桨与全国重点高校联合打造了深度学习师资培养计划，开办师资培训班，高强度代码实践，教师技术水平得到飞跃式提升，并定期开展教学研讨，对开课思路与教学方法进行研讨，从输入到输出，解锁高校 AI 教学新思路。从 2018 年起，百度和大学联合举办了 28 场师资培训，覆盖近 900 所大学，培训了近 4000 名老师。[①] 通过开设“2022 全国人工智能师资培训班”等[②]具有企业特色的实践课程、提供高质量的实践及前沿指导，将产业理念、技术、资源整合到培养体系、课程及实训中，最大程度共享及优化配置产教资源，培养高素质和具有产业应用视角的创新人才。

4. 专业技能认证

百度的深度学习工程师认证体系（见表 5.14）为阶梯式能力认证体系，精准定位深度学习能力，分为初级工程师认证、中级工程师认证和尚未开发的高级工程师认证。

表 5.14　百度深度学习工程师认证

证书名称	认证范围	测评能力点
CODA	了解开源，熟悉机器学习及深度学习基本理论，能够熟练开发、修改和运行深度学习代码，并进行工程化层面上的改造，面向初等复杂的应用问题有初步转化为合适的机器学习问题并解决的能力	开源知识－5％ 数学及 Python 基础－5％ 机器学习－20％ 深度学习－30％ 深度学习平台－30％ 深度学习行业应用案例介绍－10％

① 蓝鲸财经. 百度发布“大国智匠”计划，通过师资培训、激励金等方式弥补国内 AI 人才缺口[EB/OL]. (2022-06-11)[2024-01-21]. https://m.sohu.com/a/556307300_250147.

② 驱动之家. 百度 500 万 AI 人才培养体系再加码 特色实操培训赋能高校师资[EB/OL]. (2022-03-18)[2024-01-21]. https://baijiahao.baidu.com/s?id=1727631957158502006&wfr=spider&for=pc.

续表

证书名称	认证范围	测评能力点
CODP	了解开源,具有开源意识,能对自然语言处理、计算机视觉领域中的任一类任务,通过调优使得该任务上的模型达到特定的需求指标;熟悉机器学习算法的原理及不同算法间的差异;能对中等应用问题进行选型、设计指标完成全流程构建并解决问题	NLP方向: 机器学习 深度学习 自然语言处理理论及应用 自然语言处理模型应用 自然语言处理典型案例
		CV方向: 机器学习 深度学习 计算机视觉理论及应用 计算机视觉模型应用 计算机视觉典型案例

数据来源:自行根据官网资料整理。

百度深度学习工程师认证体系具有以下三点特征:就业“绿色通道”、行业精英交流以及个人能力快速增值。认证工程师将纳入AI专项人才库,百度及相关生态合作企业技术岗位优先录用;认证人才加入飞桨AI精英人才社区,优先参与线下交流活动;百度和Linux Foundation双认证,提升自我价值,并且能够获得行业权威认可。

三、案例小结

百度一直积极布局“人工智能+X”复合型人才培养生态,以百度飞桨为核心,围绕学习、就业、认证、实践、比赛等环节,将高校科研人才与企业应用人才培养紧密结合,综合素质与实践能力培养双管齐下,创立AI人才培养标准,构建产教融合的AI人才培养体系(见图5.14)。

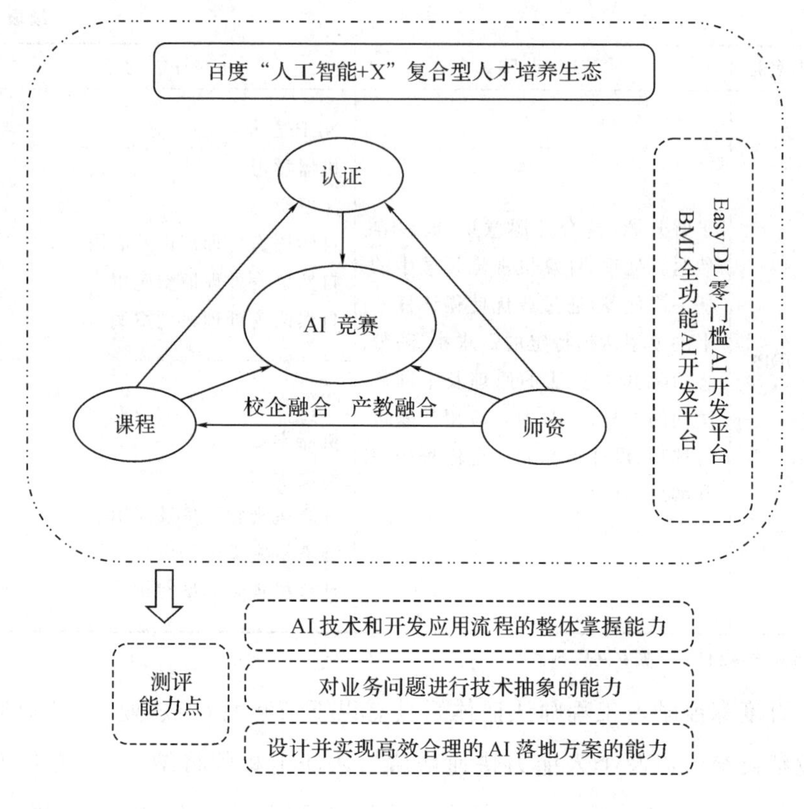

图 5.14 百度 AI Studio 人才培养模式小结

5.7 “＋AI”人才培养案例小结

从培养目标定位来看，本章案例均聚焦于培养 AI 领域的交叉创新人才，即培养对 AI 领域知识、技术有一定认知和应用能力的非 AI 专业人才，推动 AI 与其他领域交叉融合并赋能其他领域。具体的培养举措可进一步归纳为“＋AI 技术赋能型人才培养路径”（见图 5.15），该路径主要面向非 AI 专业人士，培养学生掌握基础的 AI 专业知识和操作应用能力，从而将 AI 与其本领域知识交叉融合，推动 AI 赋能其他领域，产生交叉创新成果。当前这类人才培养项目主要以辅修专业、专业认证项目等形式开展,产业和高校在这类人才培养中发挥主导作用。在培养平台选择方面,主要依托智能开放教学平台,整合来自不同主体的培养资源,为不同学科背景的学生提供共同学习的空间;在课程设计方面,以专业基础课程、AI核心课程和实训操作课程为主;在工具资源获取方面,借助AI专业教材规范AI教学内容,使用实训场景和开放数据、算法和算力锻炼学生的操作应用能力。

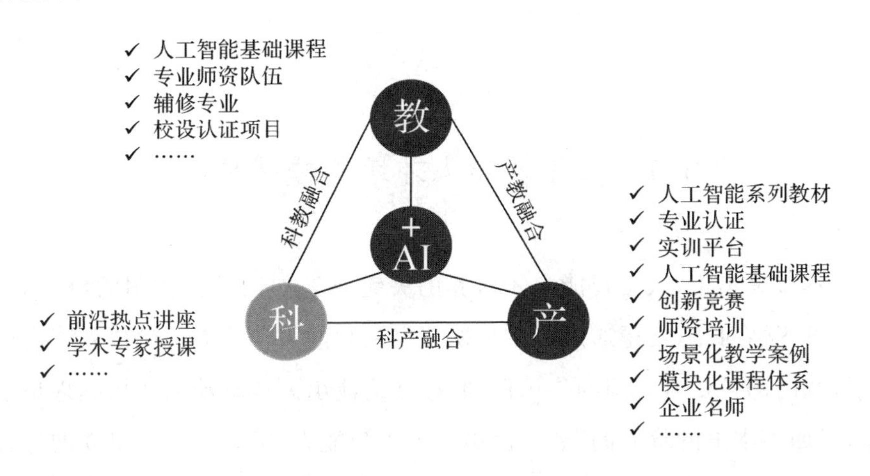

图 5.15 ＋AI 技术赋能型人才培养路径

第六章　人工智能人才培养的模式构建与未来展望

6.1　人工智能人才培养模式构建

本节聚焦于“人工智能人才培养的关键要素如何发挥作用的(How)”这一过程性问题,希望通过进一步挖掘人工智能人才培养关键要素背后的关联及内部各要素之间的作用机理,最终构建出人工智能人才培养理论模型,以回答本书的核心问题“如何培养人工智能人才”。在案例研究的过程中,我们发现人工智能发展呈现出明显的场景驱动特征,这就要求人工智能人才培养要保持高度的外部协调性和动态适应性,以满足快速变化的产业需求。因此,仅仅聚焦静态案例刻画不能满足人工智能人才培养发展的需求,有必要探索构建 AI 人才培养的动态理论模型。结合前文提出的 9 个主范畴的关系结构(见图 2.1),基于动态视角,提出一个 AI 人才培养的“双循环”模型结构(见图 6.1)。

具体内涵如下:“培养目标定位—面向应用场景获取培养资源—人才能力要求”构成模型的内部循环结构,形成 AI 人才培养的内部作用机制,对应 AI 人才培养供给侧。合理的 AI 人才培养目标定位是开展 AI 人才培养的前提。在 AI 技术原理发展和多元产业人才需求的综合驱动下,当前 AI 人才培养呈现出专业研发、场景应用、技术赋能三类以及本、硕、博三

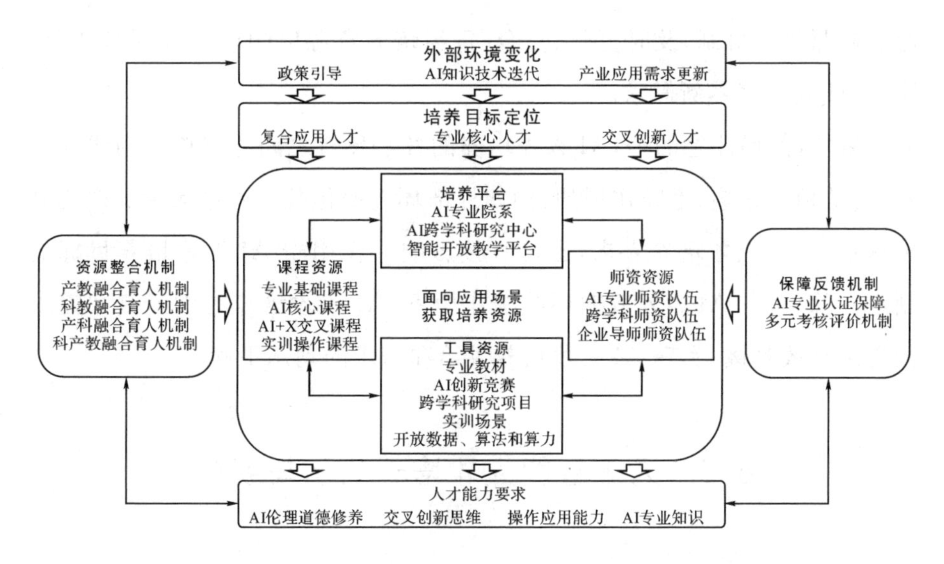

图 6.1 AI 人才培养双循环理论模型

层次的特征。培养平台、课程资源、师资资源和工具资源等培养资源是开展人才培养的支撑条件，科产教等培养主体要在培养目标定位的引导下，针对性地获取人才培养资源以保障 AI 人才培养项目运转。AI 人才培养的最终目标是培养掌握 AI 专业知识、具备操作应用能力、具有交叉创新思维、坚守 AI 伦理道德修养的 AI 人才，以满足 AI 自身发展和产业应用的需要。

"外部环境变化—保障反馈机制—资源整合机制—人才能力要求"构成模型的外部循环结构，形成 AI 人才培养的外部互动机制，对应 AI 人才培养需求侧。AI 人才培养处于不断变化的外部环境之中，在政策引导下，AI 人才培养项目得以成立并快速推进，AI 知识和技术的迭代以及产业应用需求的更新对 AI 人才能力提出新的需求，进一步影响 AI 人才供给侧培养目标的制定。保障反馈机制则起到衔接 AI 人才培养供给侧和需求侧的桥梁作用，通过多元考核评价机制，整合不同主体对于 AI 人才的要求和需求，通过颁发"AI 专业认证"，证明学生具备 AI 领域专业知识和技能，保障 AI 人才培养质量。当出现供需不匹配的问题时，科、产、教等培养主体通过资源整合机制，及时更新、整合、重组培养资源以响应外部环境变化，满足AI人才培养新需求。

另外，值得注意的是，AI人才培养的各个环节之间并非单一的线性关系，而是相互影响、不断作用的，例如外部环境变化既会通过保障反馈机制传递新的AI人才培养需求，也可直接影响并作用于AI人才培养目标的制定。总之，在AI内外双循环结构作用下，AI人才培养的供给侧和需求侧得以有效对接，实现AI人才培养供给和需求的动态平衡。

6.2 人工智能人才培养启示与展望

6.2.1 理论启示

本书通过以国内外17个人工智能人才培养典型案例为研究对象，基于扎根理论方法，识别人工智能人才培养的9个关键要素，识别出“AI专业研发型人才培养路径”“AI＋场景应用型人才培养路径”以及“＋AI技术赋能型人才培养路径”3条不同的实践路径，并进一步构建了人工智能人才培养双循环理论模型。该模型包括AI人才培养的内部作用机制以及外部互动机制，在内外双循环结构的共同作用下，有效衔接AI人才供给与产业需求，保持人才培养供需的动态平衡。

以往关于人工智能人才培养模式的研究多基于静态视角。然而，人工智能是一种“使能”技术，具有天然的学科交叉和应用驱动属性，正不断与其他学科交叉融合并解锁新的应用场景，人工智能人才培养处在不断变化的外部环境之中，应当在动态视角下开展人工智能人才培养的研究。本书所构建的人工智能人才培养“双循环”理论模型在人才培养内部作用机制和外部互动机制的双重作用下，推动科产教等培养主体与外部环境保持动态适应，通过不断整合、构建和重组各种培养资源，使得人工智能人才培养能够适应动态、复杂、快速变化的外部环境，从而保持人工智能人才培养的供需平衡。另外，在与已有研究互动的过程中，我们发现企业战略管理领域的动态能力理论对于高等教育领域的人工智能人才培养问题研究具有一定的启发借鉴意义，本书所构建的人工智能人才培养模式理论框架与动态能力理论相契合。未来研究可尝试在动态能力理论的观照下，进一步探讨人工智能学科建设、资源配置、人才培养等问题的可能性。

6.2.2　未来展望

总结国内外典型案例人工智能人才培养方面的先进举措，本书在实践层面对科产教等培养主体开展 AI 人才培养提供一些有益启示。

第一，建议高校层面立足自身特色，进一步优化 AI 学科群和课程群建设。一是要立足学科特色和产业需求，瞄准专业核心人才、复合应用人才、交叉创新人才不同的 AI 人才定位，制定差异化的人才培养目标，鼓励"AI""AI＋""＋AI"的特色布局，完善物联网(感知智能)、大数据(数据智能)、机器人(行为智能)等相关方向建设。二是要立足自身优势和资源禀赋，以模块化课程群建设为基础，构建由专业基础课程、AI 核心课程、AI＋X 交叉课程、＋AI 赋能型课程、实训操作课程等组成的模块化课程体系；以 AI 专业核心教师队伍为内核，组建跨学科师资队伍，吸纳优秀企业专家组建企业导师师资队伍；以多样化场景为依托，开发设计 AI 创新竞赛、前沿交叉讲座等新的教学形式，发挥企业、科研院所的资源优势，获取场景化的教学案例和开源的数据和算法工具等，丰富传统的以课程教学为主的教学形式。三是要立足立德树人根本任务，强化 AI 伦理、职业素养课程建设，补齐当前 AI 人才伦理道德修养欠缺的短板。

第二，建议鼓励社会参与，探索构建开放共享的"科产教"融合育人生态。一是建议借鉴"伦敦—牛津—剑桥—阿兰·图灵研究所"的学科群和产业生态建设经验，在京津冀、长三角、粤港澳、成渝等高校和产业丰富的地区,试点共建区域性、实战性、一体化科产教融合育人开放平台与共享“靶场”,共建具有国际影响力的人工智能竞技赛事。二是要促进科产教深度融合,探索产教联合育人项目、产教协作共建课程、科产合作共建AI跨学科研究中心、基于跨学科项目育人、基于企业实践场景育人等多种科产教融合育人形式,整合高校、产业、科研机构各自在AI人才培养方面的资源优势,使科产教等不同培养主体深入参与AI人才培养过程。三是探索建立动态、开放的AI人才标准体系,建议人社部会同工信部与部分高校和龙头企业联合制定AI职业认证制度,明确AI类专业人才梯队化培养标准和职业技能标准,为AI各梯队人才提供配套政策,建立AI人才培养需求反馈机制,动态调整AI人才培养目标。

第三,建议国家层面进一步推进系统设计,优化分层分类的AI人才培养顶层设计。一是建议进一步加强青少年人工智能教育,开展面向中小学生和社会大众的常态化AI教育,让AI进课堂、企业和家庭,促进全民人工智能素质提升。二是系统谋划不同层次、不同类型AI人才的培养和使用,建议从财政投入、基础设施、“双一流”建设等多个方面,推动基础教育、专业教育、职业教育、成人教育及终身教育等的融合发展,探索专—本贯通、本—硕—博贯通的长周期人才培育模式。三是探索适应未来智能社会需要的终身学习和培训体系,借鉴“合肥财经—讯飞人工智能学院”等一批AI领域的继续教育平台,鼓励通过“高校搭台、企业助力”的方式,为AI产业人才知识更新、能力提升提供再教育项目。

编后记

人工智能是新一轮科技革命和产业变革的重要驱动力量，人工智能人才是人工智能发展的基础性、战略性支撑。近年来，人工智能技术取得新一轮突破，在各行各业加速普及应用，从而引发人工智能人才需求井喷式增长。一时之间，相关改革实践大量涌现，以期快速弥补我国在人工智能人才队伍建设方面的短板。

作为一家专注于科技创新和高等教育交叉领域的高端智库平台，浙江大学中国科教战略研究院（以下简称“浙大战略院”）围绕相关主题做了大量探索，并承担科技创新 2030——“新一代人工智能”重大项目“新一代人工智能科教创新开放平台”的研究工作。在该项目资助下，浙大战略院课题组就人工智能人才培养问题开展调研，收集了大量国内外人工智能人才培养项目的案例资料，并发现了不少高校或企业正在开展的诸多有益探索。基于此，我们整理出版了这本包括国内外 17 份人工智能人才培养案例报告的《启真论教之人工智能人才培养》。

本书系科技创新 2030——“新一代人工智能”重大项目“新一代人工智能科教创新开放平台”部分研究成果，特别感谢项目责任专家华东师范大学贺樑教授、哈尔滨工业大学秦兵教授，项目首席专家浙江大学肖俊教授，以及复旦大学黄萱菁教授、之江实验室张汝云研究员、北京师范大学陈丽教授、西安交通大学董博研究员、国防科技大学王挺教授、上海交通大学卢策吾教授等在课题推进过程中给予的宝贵建议。在收集案例资料的过程中，我们得到了来自清华大学交叉信息研究院、浙江大学计算机科学与技术学院、西安交通大学计算机科学与技术学院、国防科技大学计算机学院以及华中师范大学人工智能教育学部等单位的众多专家学者的积极响应和大力支持，他们分享了在人工智能人才培养方面的先进理念和实践经验，提供了丰富的案例素材和珍贵的内部资料。在此，我们表示最深挚的感谢。在相关案例报告撰写及书稿整理校对过程中，浙江大学公共管理学院研究生张瑜、王雨洁、张雨萌、徐锦浩、李晓芸、陈梓滢、柳亚、杨翼昂，浙大战略院科研助理周静玉等付出了大量的时间和精力，在此一并表示感谢。最后，还要特别感谢潘云鹤院士为本书作序，潘院士对本书整体架构、篇目编排、报告体例等方面提出了许多高屋建瓴的意见。

需要指出的是，正如本书所提出的内外双循环理论模型所示，人工智能人才培养呈现动态迭代的特征。因为出版时间的滞后性，书中收录的案例可能已在实践中作出调整，各篇脚注中有对案例资料收集、撰写时间的简单说明，请读者阅读时务必留意。另外，由于我们的知识素养、能力水平有限，书中错漏自然难免，恳请读者不吝指正！